高职高专"十二五"规划教材

石油加工生产技术

李萍萍 李 勇 主编

魏 强 主审

化学工业出版社

·北京·

《石油加工生产技术》充分结合石油加工生产实际，系统地介绍了石油加工生产过程的主要生产工艺和相应岗位群所需要的知识及操作技术。主要内容包括：常减压蒸馏装置岗位群、催化裂化装置岗位群、催化重整装置岗位群、延迟焦化装置岗位群、气分装置岗位群、MTBE装置岗位群、加氢精制装置岗位群、油品调和岗位群、检验岗位、计量岗位等岗位群的岗位任务、操作规范、知识拓展及技能提升。

本教材从内容选取及设置上完全贴合了职业教育改革实际，内容选取上充分体现地方炼油企业实际，根据炼油企业实际装置联系学生就业面向选取了教材内容，对学生就业较多的装置重点描述；充分结合了现有的实验实训条件，便于课程教学改革的开展；教材内容与企业实际关联密切，以实际的生产装置为依托，按岗位群所从事的工作来展开，以从事岗位操作所具备的能力为依据进行编写，并借鉴相关企业员工岗位标准。

本教材可作为高职高专院校、本科院校开办的职业技术学院化工技术类专业及相关专业教材，也可作为五年制高职、成人教育相关专业的教材，还可供相关科技人员参考。

图书在版编目（CIP）数据

石油加工生产技术/李萍萍，李勇主编．—北京．化学工业出版社，2015.2（2023.9重印）
高职高专"十二五"规划教材
ISBN 978-7-122-22639-6

Ⅰ.①石… Ⅱ.①李…②李… Ⅲ.①石油炼制-高等职业教育-教材 Ⅳ.①TE62

中国版本图书馆 CIP 数据核字（2014）第 301681 号

责任编辑：窦　臻　刘心怡
责任校对：边　涛　　　　　　　　　　　　　装帧设计：王晓宇

出版发行：化学工业出版社（北京市东城区青年湖南街13号　邮政编码100011）
印　　装：北京捷迅佳彩印刷有限公司
787mm×1092mm　1/16　印张12¼　字数298千字　2023年9月北京第1版第7次印刷

购书咨询：010-64518888　　　　　　　售后服务：010-64518899
网　　址：http://www.cip.com.cn
凡购买本书，如有缺损质量问题，本社销售中心负责调换。

定　　价：29.00元　　　　　　　　　　　　　　　　　　版权所有　违者必究

前　言

本教材是根据最新高等职业教育化工技术类专业人才培养目标而编写的。《石油加工生产技术》充分结合石油加工生产实际，系统地介绍了石油加工生产过程的主要生产工艺和相应岗位群所需要的知识及操作技术。主要内容包括：常减压蒸馏装置岗位群、催化裂化装置岗位群、催化重整装置岗位群、延迟焦化装置岗位群、气分装置岗位群、MTBE装置岗位群、加氢精制装置岗位群、油品调和岗位群、检验岗位、计量岗位等岗位群的岗位任务、操作规范、知识拓展及技能提升。

《石油加工生产技术》以培养学生的岗位能力为重点，注重与企业的深度合作，突出职业性、实践性、开放性的原则，设置内容与生产企业实际情况密切结合，具有很强的实用性。本教材可作为高职高专院校、本科院校开办的职业技术学院化工技术类专业及相关专业教材，也可作为五年制高职、成人教育相关专业的教材，还可供相关科技人员参考。

本教材由东营职业学院李萍萍、李勇主编，魏强主审。绪论由李勇编写，第一章由东营职业学院李萍萍、王燕共同编写，第二、七章由东营职业学院刘鹏鹏编写，第三章由李萍萍编写，第四章由东营职业学院张佳佳编写，第五章由东营职业学院刘海燕编写，第六章由中国石油大学胜利学院陈艳红编写，第八章由东营职业学院刘海燕、李雪梅共同编写，第九章由神驰化工尹国庆及东营职业学院吴秀玲编写。本书在编写过程中得到了大连石化赵继昌、中石油华东设计分公司代卫岩等的帮助及支持，在此一并表示感谢。限于编者对职教教改的理解和教学经验，书中难免存在疏漏和不足，恳请专家和读者批评指正，不胜感谢。

编者

2014 年 11 月

目 录

绪论 1
    一、石油及石油产品 1
    二、石油的利用 6
    三、炼油厂初步认识 6
    四、炼油装置 7
    五、典型炼油厂生产流程 8
    六、《石油加工生产技术》课程的内容体系和学习方法 9

第一章 常减压蒸馏装置岗位群 10
  工艺简介 10
  第一节 电脱盐岗位 11
    【岗位任务】 11
    【典型案例】 12
    【工艺原理及设备】 12
      一、电脱盐的基本原理 12
      二、破乳剂的作用 12
      三、电脱盐罐结构 12
      四、电脱盐装置中脱盐过程 14
    【操作规范】 14
      一、脱盐罐启用前的检查工作 14
      二、脱盐罐使用时的注意事项 14
      三、脱盐罐在线冲洗 15
      四、脱后原油含水 15
      五、脱后原油含盐 15
  第二节 常压塔岗位 15
    【岗位任务】 15
    【典型案例】 15
    【工艺原理及设备】 16
      一、石油蒸馏相关概念 16
      二、石油馏分组成 17
      三、蒸馏的形式 17
      四、初馏塔、常压塔作用 18
      五、常压塔结构 18
      六、原油常压精馏塔工艺特点 19
    【操作规范】 21
      一、正常操作 21

二、常压塔产品质量调节 …………………………………………………… 23
　　三、设备操作管理 …………………………………………………………… 24
第三节　减压塔岗位 …………………………………………………………… 25
　【岗位任务】 ……………………………………………………………………… 25
　【典型案例】 ……………………………………………………………………… 25
　【工艺原理及设备】 ……………………………………………………………… 26
　　一、减压塔作用 ……………………………………………………………… 26
　　二、减压塔结构及特点 ……………………………………………………… 26
　　三、减压塔的抽真空系统 …………………………………………………… 28
　【操作规范】 ……………………………………………………………………… 30
　　一、正常操作 ………………………………………………………………… 30
　　二、产品质量调节 …………………………………………………………… 31
　　三、设备操作管理 …………………………………………………………… 31
第四节　司炉岗位 ……………………………………………………………… 32
　【岗位任务】 ……………………………………………………………………… 32
　【典型案例】 ……………………………………………………………………… 32
　【工艺原理及设备】 ……………………………………………………………… 33
　　一、加热炉作用 ……………………………………………………………… 33
　　二、设备结构 ………………………………………………………………… 34
　【操作规范】 ……………………………………………………………………… 35
　　一、加热炉的正常操作 ……………………………………………………… 35
　　二、开炉点火 ………………………………………………………………… 36
　　三、正常停炉 ………………………………………………………………… 36
　　四、紧急停炉 ………………………………………………………………… 37
事故案例 …………………………………………………………………………… 37
技能提升　常减压蒸馏装置仿真操作 ……………………………………………… 39
思考训练 …………………………………………………………………………… 40

第二章　催化裂化装置岗位群 …………………………………………………… 41
工艺简介 …………………………………………………………………………… 41
第一节　反应岗位 ……………………………………………………………… 42
　【岗位任务】 ……………………………………………………………………… 42
　【典型案例】 ……………………………………………………………………… 43
　【工艺原理及设备】 ……………………………………………………………… 44
　　一、催化裂化反应 …………………………………………………………… 44
　　二、催化裂化催化剂 ………………………………………………………… 47
　　三、催化裂化装置发展 ……………………………………………………… 49
　　四、反应再生系统作用 ……………………………………………………… 50
　　五、反应再生系统设备结构及特点 ………………………………………… 50
　【操作规范】 ……………………………………………………………………… 53
　　一、正常操作 ………………………………………………………………… 53
　　二、非正常操作 ……………………………………………………………… 59
第二节　分馏岗位 ……………………………………………………………… 62

  【岗位任务】 ………………………………………………………………………… 62
  【典型案例】 ………………………………………………………………………… 62
  【工艺原理及设备】 ………………………………………………………………… 63
    一、催化分馏塔的作用 ………………………………………………………… 63
    二、催化分馏塔设备特点 ……………………………………………………… 63
  【操作规范】 ………………………………………………………………………… 64
    一、正常操作 …………………………………………………………………… 64
    二、产品质量调节 ……………………………………………………………… 65
 第三节 吸收稳定岗位 ……………………………………………………………… 65
  【岗位任务】 ………………………………………………………………………… 65
  【典型案例】 ………………………………………………………………………… 65
  【工艺原理及设备】 ………………………………………………………………… 66
    一、吸收塔 ……………………………………………………………………… 66
    二、解吸塔 ……………………………………………………………………… 67
    三、再吸收塔 …………………………………………………………………… 67
    四、稳定塔 ……………………………………………………………………… 67
  【操作规范】 ………………………………………………………………………… 67
    一、正常操作 …………………………………………………………………… 67
    二、产品质量的控制 …………………………………………………………… 67
 事故案例 ………………………………………………………………………………… 67
 技能提升 催化裂化装置仿真操作 …………………………………………………… 68
 思考训练 ………………………………………………………………………………… 68
第三章 催化重整装置岗位群 ……………………………………………………………… 70
 工艺简介 ………………………………………………………………………………… 70
 第一节 预处理岗位 ………………………………………………………………… 71
  【岗位任务】 ………………………………………………………………………… 71
  【典型案例】 ………………………………………………………………………… 71
  【工艺原理】 ………………………………………………………………………… 71
    一、原料的选择 ………………………………………………………………… 72
    二、重整原料的预处理 ………………………………………………………… 73
  【操作规范】 ………………………………………………………………………… 74
    一、预分馏 ……………………………………………………………………… 74
    二、预加氢 ……………………………………………………………………… 74
    三、预脱砷 ……………………………………………………………………… 74
 第二节 重整反应岗位 ……………………………………………………………… 75
  【岗位任务】 ………………………………………………………………………… 75
  【典型案例】 ………………………………………………………………………… 75
  【工艺原理及设备】 ………………………………………………………………… 78
    一、重整化学反应 ……………………………………………………………… 78
    二、重整催化剂的组成 ………………………………………………………… 80
    三、重整反应器 ………………………………………………………………… 82
  【操作规范】 ………………………………………………………………………… 83

一、重整反应部分正常操作 ·· 83
　　二、重整反应的主要操作参数 ·· 83
技能提升　半再生催化重整反应工段仿真操作 ································ 86
思考训练 ·· 86

第四章　延迟焦化装置岗位群·· 87
工艺简介 ·· 87
第一节　加热炉岗位 ··· 89
【岗位任务】·· 89
【典型案例】·· 89
【工艺原理及设备】 ··· 90
　　一、延迟焦化加热炉作用 ·· 90
　　二、延迟焦化加热炉结构 ·· 90
【操作规范】·· 92
　　一、加热炉出口温度控制 ·· 92
　　二、加热炉的烧焦操作 ··· 92
第二节　焦炭塔岗位 ··· 93
【岗位任务】·· 93
【典型案例】·· 93
【工艺原理及设备】 ··· 94
　　一、延迟焦化主要化学反应 ······································· 94
　　二、延迟焦化焦炭塔的作用 ······································· 96
　　三、延迟焦化焦炭塔的结构 ······································· 96
　　四、焦炭塔的除焦 ··· 97
【操作规范】·· 98
　　一、焦炭塔新塔赶空气、试压 ···································· 98
　　二、焦炭塔瓦斯预热 ··· 99
　　三、焦炭塔切换四通阀、换塔 ···································· 99
　　四、焦炭塔老塔处理 ··· 99
　　五、除焦 ·· 100
第三节　分馏岗位 ·· 100
【岗位任务】·· 100
【典型案例】·· 100
【工艺原理及设备】 ··· 101
　　一、延迟焦化分馏塔的作用 ······································· 101
　　二、延迟焦化分馏塔的结构和特点 ······························ 101
【操作规范】·· 103
　　一、塔顶温度的控制 ··· 103
　　二、塔底温度的控制 ··· 103
　　三、分馏塔底液面控制 ·· 104
　　四、粗汽油干点控制 ··· 104
　　五、柴油干点控制 ··· 105
　　六、蜡油残炭的控制 ··· 105

事故案例 ·· 106
　　技能提升　延迟焦化装置仿真操作 ·· 107
　　思考训练 ·· 107

第五章　气分装置岗位群 ··· 108
　工艺简介 ·· 108
　　第一节　脱硫岗位 ··· 109
　　　【岗位任务】 ··· 109
　　　【典型案例】 ··· 109
　　　【工艺原理及设备】 ·· 112
　　　　一、干气、液化气脱硫 ·· 112
　　　　二、液化气脱硫醇 ·· 113
　　第二节　分馏岗位 ··· 113
　　　【岗位任务】 ··· 113
　　　【典型案例】 ··· 113
　　　【工艺原理及设备】 ·· 117
　　　【操作规范】 ··· 117
　　　　一、分馏塔压力的调节方法 ··· 117
　　　　二、分馏塔温度的调节方法 ··· 118
　　　　三、塔顶产品质量的调节方法 ··· 118
　　事故案例 ·· 119
　　技能提升　气体分馏装置仿真操作 ·· 120
　　思考训练 ·· 120

第六章　MTBE装置岗位群 ··· 121
　工艺简介 ·· 121
　　第一节　醚化反应操作岗位 ·· 123
　　　【岗位任务】 ··· 123
　　　【典型案例】 ··· 124
　　　【工艺原理及设备】 ·· 125
　　　　一、催化醚化反应的反应原理及催化剂 ····································· 125
　　　　二、MTBE反应的主要影响因素 ·· 126
　　　【操作规范】 ··· 127
　　　　一、反应系统操作原则 ·· 127
　　　　二、反应系统正常操作法 ··· 128
　　第二节　分馏岗位 ··· 128
　　　【岗位任务】 ··· 128
　　　【典型案例】 ··· 128
　　　【工艺原理及设备】 ·· 129
　　　【操作规范】 ··· 130
　　　　一、热旁通压力控制原理及工艺流程 ··· 130
　　　　二、三通阀塔顶压力控制原理和工艺流程 ·································· 130
　　　　三、卡脖子压力控制原理和工艺流程 ··· 131
　　　　四、用冷却水量控制塔顶压力 ··· 131

第三节　甲醇回收岗位 …… 132
　【岗位任务】 …… 132
　【典型案例】 …… 132
　【工艺原理及设备】 …… 133
　　一、甲醇萃取原理 …… 133
　　二、甲醇回收原理 …… 133
　【操作规范】 …… 133
　　一、回收系统操作原则 …… 133
　　二、回收系统正常操作法 …… 133
　思考训练 …… 134

第七章　加氢精制装置岗位群 …… 135
　工艺简介 …… 135
　第一节　反应再生岗位 …… 136
　　【岗位任务】 …… 136
　　【典型案例】 …… 136
　　【工艺原理及设备】 …… 137
　　　一、加氢反应器的作用 …… 137
　　　二、加氢反应器设备结构及特点 …… 138
　　　三、加氢精制反应 …… 140
　　　四、加氢精制催化剂 …… 143
　　【操作规范】 …… 143
　　　一、正常操作 …… 143
　　　二、非正常操作 …… 145
　第二节　分馏岗位 …… 146
　　【岗位任务】 …… 146
　　【典型案例】 …… 146
　　【操作规范】 …… 147
　　　一、汽提塔设备正常操作 …… 147
　　　二、产品质量调节 …… 147
　第三节　压缩机岗位 …… 148
　　【岗位任务】 …… 148
　　【典型案例】 …… 148
　　【工艺原理及设备】 …… 149
　　　一、循环氢压缩机组作用 …… 149
　　　二、设备结构特点 …… 149
　　【操作规范】 …… 149
　　　一、压缩机正常开机步骤（氢气工况） …… 149
　　　二、压缩机正常停车步骤 …… 152
　事故案例 …… 152
　技能提升　柴油加氢装置仿真操作 …… 153
　思考训练 …… 153

第八章　油品调和岗位群 …… 154

工艺简介 ·· 154
　　【岗位任务】·· 155
　　【典型案例】·· 155
　　【工艺原理】·· 157
　　　一、燃料油调和组分油 ·· 157
　　　二、调和油性能指标·· 158
　　【操作规范】·· 159
　　思考训练 ··· 160

第九章　其他岗位群 ·· 162
　第一节　检验岗位 ·· 162
　　【岗位任务】·· 162
　　【工艺原理】·· 162
　　　一、汽油的质量指标·· 163
　　　二、柴油的质量指标·· 165
　　【操作规范】·· 168
　　　一、色谱图 ··· 168
　　　二、色度 ·· 168
　　　三、硫含量 ··· 169
　　　四、凝点 ·· 170
　　　五、冷滤点 ··· 171
　　　六、闪点 ·· 173
　　　七、馏程 ·· 173
　　　八、密度 ·· 175
　　　九、汽油中的硫醇硫（博士实验）·· 177
　　事故案例 ··· 178
　第二节　计量岗位 ·· 178
　　【岗位任务】·· 179
　　【知识拓展】·· 179
　　　一、计量器具的分类·· 179
　　　二、计量器具分类管理 ·· 181
　　　三、容器的分类·· 182
　　　四、容器计量中的计量器具·· 182
　　【操作规范】·· 183
　　　一、计量岗油罐安全操作规程 ··· 183
　　　二、计量岗量油操作规程 ··· 184
　　思考训练 ··· 184

参考文献 ··· 186

绪　论

一、石油及石油产品

石油又称原油，是从地下深处开采的黑褐色或暗绿色黏稠液态或半固态的可燃物质（见图 0-1）。人们习惯上称直接从油井中开采出来未加工的石油为原油。

中国是世界上最早发现和应用石油的国家，公元 977 年中国北宋编著的《太平广记》最早提出了"石油"一词。在"石油"一词出现之前，国外称石油为"魔鬼的汗珠"、"发光的水"等，中国称"石脂水"、"猛火油"、"石漆"等。正式命名为"石油"是根据中国北宋杰出科学家沈括（1031—1095）在所著《梦溪笔谈》中所描写的这种油"生于水际砂石，与泉水相杂，惘惘而出"而命名的。

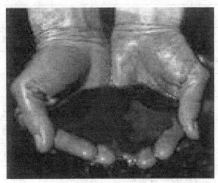

图 0-1　原油

目前，对石油的形成主要有两种说法：一是无机论，认为石油是由水和二氧化碳与金属氧化物发生地球化学反应而生成的；二是有机论，认为各种有机物如动物、植物、特别是低等的动植物像藻类、细菌、蚌壳、鱼类等，死后埋藏在不断下沉缺氧的海湾、泻湖、三角洲、湖泊等地，经过许多物理化学作用，最后逐渐形成为石油。

石油的化学成分主要是有机物，这揭示了它们的来源应当与古代生物有关系。一部分科学家认为，石油和天然气是伴随着沉积岩的形成而产生的。远古时期，繁盛的生物制造了大量的有机物，在流水的作用下，大量的有机物被带到了地势低洼的湖盆或海盆。在自然界这些巨大的水盆里，有机物与无机的碎屑混合，并沉积在盆底。水盆中深层的水体是缺乏氧气的还原环境，所以有机物中的氧会逐渐散失，而碳和氢保留下来，形成了新的碳氢化合物，并和无机碎屑共同形成了石油源岩。

在石油源岩中，油气是零散分布的，还不能形成可以开采的油田。此时，水盆底部的沉积物，在重力的作用下，开始下沉。在地下的压力和高温的影响下，沉积物逐渐被压实，最终变成沉积岩。而液体的石油油滴在沉积物体积缩小的过程中，就被挤了出来，并聚集在一处形成石油，由于密度比水还轻，石油开始向上迁移。如图 0-2 所示，在岩石裂隙中穿行的石油，最终会遭遇一层致密的岩石，比如页岩、泥岩、盐岩等，这些岩石没有裂缝，拒绝让石油通过，于是石油就停留在致密岩层的下面，逐渐富集，形成

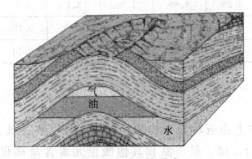

图 0-2　石油的形成

了油田。含有石油的岩层，叫做储集层，拒绝让石油通过的岩石，叫做盖层。如果没有盖层，石油会一直上升到地表，最终消失于大气中，无法保留到人类出现的时候。

(一) 原油的一般性质

石油通常是黑色、褐色或黄色的流动或半流动的黏稠液体，相对密度为0.80～0.98。世界各地所产的石油在性质上都有不同程度的差异。表0-1为我国主要原油的一般性质，表0-2为国外部分原油的主要物理性质。

表0-1 我国主要原油的一般性质

原油名称	大庆	胜利	孤岛	辽河	华北	中原	新疆吐哈	鲁宁管输
密度(20℃)/(g/cm³)	0.8554	0.9005	0.9495	0.9204	0.8837	0.8466	0.8197	0.8937
运动黏度(50℃)/(mm²/s)	20.19	83.36	333.7	109.0	57.1	10.32	2.72	37.8
凝点/℃	30	28	2	17(倾点)	36	33	16.5	26.0
蜡含量(质量分数)/%	26.2	14.6	4.9	9.5	22.8	19.7	18.6	15.3
庚烷沥青质(质量分数)/%	0	<1	2.9	0	<0.1	0	0	0
残碳(质量分数)/%	2.9	6.4	7.4	6.8	6.7	3.8	0.90	5.5
灰分(质量分数)/%	0.0027	0.02	0.096	0.01	0.0097	—	0.014	—
硫含量(质量分数)/%	0.10	0.80	2.09	0.24	0.31	0.52	0.03	0.80
氮含量(质量分数)/%	0.16	0.41	0.43	0.40	0.38	0.17	0.05	0.29
镍含量/(μg/g)	3.1	26.0	21.1	32.5	15.0	3.3	0.50	12.3
钒含量/(μg/g)	0.04	1.6	2.0	0.6	0.7	2.4	0.03	1.5

表0-2 国外部分原油的主要物理性质

原油名称	沙特(轻质)	沙特(中质)	沙特(轻重混)	伊朗(轻质)	科威特	阿联酋(穆尔班)	伊拉克	印尼(米纳斯)
密度(20℃)/(g/cm³)	0.8578	0.8680	0.8716	0.8531	0.8650	0.8239	0.8559	0.8456
运动黏度(50℃)/(mm²/s)	5.88	9.04	9.17	4.91	7.31	2.55	6.50(37.8℃)	13.4
凝点/℃	−24	−7	−25	−11	−20	−7	−15(倾点)	34(倾点)
蜡含量(质量分数)/%	3.36	3.10	4.24	—	2.73	5.16	—	—
庚烷沥青质(质量分数)/%	1.48	1.84	3.15	0.64	1.97	0.36	1.10	0.28
残碳(质量分数)/%	4.45	5.67	5.82	4.28	5.69	1.96	4.2	2.8
硫含量(质量分数)/%	1.19	2.42	2.55	1.40	2.30	0.86	1.95	0.10
氮含量(质量分数)/%	0.09	0.12	0.09	0.12	0.14	—	0.10	0.10

(二) 原油的化学组成

1. 石油的元素组成

世界上各种原油的性质虽然差别甚远，但基本上由五种元素构成，即碳、氢、硫、氧、氮。原油中元素碳和氢占96%～99%（质量分数），硫、氧、氮和其他微量元素含量都很少，仅1%～4%。例如胜利油田某油井原油的元素组成（质量分数）：碳84.24%、氢11.74%、氧1.52%、氮0.47%、硫2.03%。表0-3是国内外某些原油中一些主要元素的含量及碳氢比。从表中可以看出，石油主要由碳、氢两种元素以及硫、氮、氧以及一些微量金属、非金属元素组成。原油中的氢碳原子比能够反映原油的属性，一般来说，轻质原油或石蜡基原油的氢碳原子比较高，而重质原油或环烷基原油的氢碳原子比较低。

表 0-3　国内外部分原油的主要元素组成及氢碳比

原油名称＼元素组成	C	H	O	S	N	H/C(原子比)
大庆原油	85.74	13.31	—	0.11	0.15	1.86
胜利原油	86.28	12.20	—	0.80	0.41	1.69
克拉玛依原油	86.1	13.3	0.28	0.04	0.25	1.85
孤岛原油	84.24	11.74	—	2.20	0.47	1.67
前苏联杜依玛兹原油	83.9	12.3	0.74	2.67	0.33	1.76
墨西哥原油	84.2	11.4	0.80	3.6	—	1.62
伊朗原油	85.4	12.8	0.74	1.06	—	1.80
印度尼西亚原油	85.5	12.4	0.68	0.35	0.13	1.74

注：氧含量一般用差减法求得的近似值，仅供参考。

虽然非碳氢元素在石油中的含量较少，但是这些非碳氢元素都是以碳氢化合物的衍生物形态存在于石油中，因而含有这些元素的化合物所占的比例就大得多。这些非碳氢元素的存在（尤其是微量金属元素中 Ni、V），对于石油的性质、石油加工过程以及石油的催化加工中的催化剂有很大的影响，必须充分予以重视。

2. 石油的烃类族组成

石油中所含元素碳、氢、硫、氧、氮和其他微量元素等并不是以游离态存在的，绝大多数是以有机化合物形式存在的。石油中所含有机化合物可分为两大类：①由碳和氢组成的烃类，它们是石油的主要成分；②含氧、硫、氮的非烃类化合物。

石油中的烃类组成主要有烷烃、环烷烃、芳香烃三大类，个别石油中含少量烯烃。烃类化合物包括低级烃至含数十个碳原子的高级烃。

（1）烃类类型及分布规律　石油及其馏分中所含有的烃类类型及其分布规律见表 0-4。一般随着石油馏分的沸程升高，正构烷烃、异构烷烃含量下降，单环环烷烃含量下降，单环芳烃变化不大，只是侧链变长，多环环烷烃、多环芳烃含量上升。

表 0-4　石油及其馏分中烃类类型及其分布规律

烃类类型	结构	特征	分布规律
烷烃	正构烷烃(含量高)	$C_1 \sim C_4$：气态 $C_5 \sim C_{15}$：液态 C_{16} 以上为固态	1. $C_1 \sim C_4$ 是天然气和炼厂气的主要成分； 2. $C_5 \sim C_{10}$ 存在于汽油馏分(200℃)中； 3. $C_{11} \sim C_{15}$ 存在于煤油馏分(200～300℃)中； 4. C_{16} 以上的多以溶解状态存在于石油中，当温度降低，有结晶析出，这种固体烃类为蜡
	异构烷烃(含量低，且多是带有二个或三个甲基)		
环烷烃(只有五元、六元环)	环戊烷系(五碳环)	单环、双环、三环及多环，并以并联方式为主	1. 汽油馏分中主要是单环环烷烃(重汽油馏分中有少量的双环环烷烃)； 2. 煤油、柴油馏分中含有单环、双环及三环环烷烃，且单环环烷烃具有更长的侧链或更多的侧链数目； 3. 高沸点馏分中则包括了单、双、三环及多于三环的环烷烃
	环己烷系(六碳环)		

续表

烃类类型	结构	特征	分布规律
芳香烃	单环芳烃	烷基芳烃	1. 汽油馏分中主要含有单环芳烃； 2. 煤油、柴油及润滑油馏分中不仅含有单环芳烃，还含有双环及三环芳烃； 3. 高沸馏分及残渣油中，除含有单环、双环芳烃外，主要含有三环及多环芳烃
	双环芳烃	并联多(萘系)、串联少	
	三环稠合芳烃	菲系多于蒽系	
	四环稠合芳烃	蒎系等	

在一般条件下，烷烃的化学性质很不活泼，不易与其他物质发生反应，但在特殊条件下，烷烃也会发生氧化、卤化、硝化及热分解等反应。我国大庆原油含蜡量高（大分子烷烃），蜡的质量好，是生产石蜡的优质原料。

环烷烃的化学性质与烷烃相近，但稍活泼，在一定条件下可发生氧化、卤化、硝化、热分解等反应，环烷烃在一定条件下还能脱氢生成芳香烃。环烷烃的抗爆性较好、凝点低、有较好的润滑性能和黏温性，是汽油、喷气燃料及润滑油的良好组分。特别是少环长侧链的环烷烃更是润滑油的理想组分。

芳香烃的化学性质较烷烃稍活泼，可与一些物质发生反应。但芳香烃中的苯环很稳定，强氧化剂也不能使其氧化，也不易发生加成反应。在一定条件下，芳香烃上的侧链会被氧化成有机酸，这是油品氧化变质的重要原因之一。芳香烃在一定条件下还能进行加氢反应。芳香烃抗爆性很高，是汽油的良好组分，常作为提高汽油质量的调和剂；灯用煤油中含芳烃多，点燃时会冒黑烟和使灯芯结焦，是有害组分；润滑油馏分中含有多环短侧链的芳香烃，这将使润滑油的黏温特性变坏，高温时易氧化生胶，因此，润滑油精制时要设法除去。

芳香烃用途很广泛，可作为炸药、染料、医药、合成橡胶等原料，是重要化工原料之一。

(2) 石油中的非烃类化合物　石油中的非烃化合物主要指含硫、氮、氧的化合物。这些元素的含量虽仅约 1%～4%，但非烃化合物的含量都相当高，可高达 20% 以上。非烃化合物在石油馏分中的分布是不均匀的，大部分集中在重质馏分和残渣油中。非烃化合物的存在对石油加工和石油产品使用性能影响很大，石油加工中绝大多数精制过程都是为了除去这类非烃化合物。如果处理适当，综合利用，可变害为利，生产一些重要的化工产品。例如，从石油气中脱硫的同时，又可回收硫黄。

3. 石油的馏分组成

石油是多组分的复杂混合物，每个组分有其各自不同的沸点。蒸馏（或分馏）就是根据各组分沸点的不同把石油"分割"成几个部分的方法，每一部分称为馏分。从原油直接分馏得到的馏分称为直馏馏分，其产品称为直馏产品。

通常我们把沸点小于 200℃ 的馏分称汽油馏分或低沸馏分，200～350℃ 的馏分称煤、柴油馏分或中间馏分，350～500℃ 的馏分称减压馏分或高沸馏分，大于 500℃ 的馏分为渣油馏分。

必须注意，石油馏分不是石油产品。石油产品必须满足油品规格的要求。通常馏分油要经过进一步的加工才能变成石油产品。此外，同一沸点范围的馏分也可以因目的不同而加工成不同产品。例如航空煤油（即喷气燃料）的馏分范围是 150～280℃，灯用煤油是 200～300℃，轻柴油是 200～350℃。减压馏分油既可以加工成润滑油产品，也可作为裂化的原料。国内、外部分原油直馏馏分和减压渣油的含量列于表 0-5。

表 0-5　国内、外部分原油直馏馏分和减压渣油的含量

国内、外原油产地	相对密度 d_4^{20}	汽油馏分（质量分数）/% <200℃	煤柴油馏分（质量分数）/% 200~350℃	减压馏分（质量分数）/% 350~500℃	渣油（质量分数）/% >500℃
大庆	0.8635	10.78	24.02(200~360℃)	23.95(360~500℃)	41.25
胜利	0.8898	8.71	19.21	27.25	44.83
大港	0.8942	9.55	19.7(200~360℃)	29.8(360~500℃)	40.95
伊朗	0.8551	24.92	25.74	24.61	24.73
印尼米纳斯	0.8456	13.2	26.3	27.8(350~480℃)	32.7(>480)
阿曼	0.8488	20.08	34.4	8.45	37.07

从表 0-5 可以看出：与国外原油相比，我国一些主要油田原油中汽油馏分少（一般低于10%），渣油含量高，这是我国原油的主要特点之一。

（三）石油产品的分类

石油产品种类繁多，大约有数百种，且用途各异。为了与国际标准相一致，我国参照ISO《国际标准化组织》发表的国际标准 ISO/DIS 8681，制定了 GB 498《石油产品及润滑剂的总分类》，将石油产品分为燃料、溶剂和化工原料、润滑剂和有关产品、蜡、沥青、焦六大类，比 ISO/DIS 8681 多了一类 C（焦）。总分类列于表 0-6 中。

表 0-6　石油产品及润滑剂总分类（GB 498）

类别	类别含义	类别	类别含义
F	燃料	W	蜡
S	溶剂和化工产品	B	沥青
L	润滑剂和有关产品	C	焦

1. 燃料

燃料占石油产品总量的 90% 左右，它是主要能源之一，其中以汽、柴油等发动机燃料为主。GB 12692.1《石油产品　燃料（F类）分类·总则》将燃料分为以下四组，见表 0-7。

表 0-7　燃料的分组

识别字母	燃料类型
G	气体燃料：主要由甲烷或乙烷或由它们组成的混合气体燃料
L	液化气燃料：主要由 C_3、C_4 烷烃或烯烃组成
D	馏分燃料：汽油、煤油、柴油，重馏分油可含少量残油
R	残渣燃料：主要由蒸馏残油组成的石油燃料

新制定的产品标准，把每种产品分为优级品、一级品和合格品三个质量等级，每个等级根据使用条件不同，还可以分为不同牌号。

2. 润滑剂

其中包括润滑油和润滑脂，主要用于降低机件之间的摩擦和防止磨损，以减少能耗和延长机械寿命。其产量不多，仅占石油产品总量的 2%~5% 左右，但品种和牌号却是最多的一大类产品。

3. 石油沥青

石油沥青用于道路、建筑及防水等方面，其产品约占石油产品总量3%。

4. 石油蜡

石油蜡属于石油中的固态烃类态，是轻工、化工和食品等工业部门的原料，其产量约占石油产品总量的1%。

5. 石油焦

石油焦可用以制作炼铝及炼钢用电极等，其产量约为石油产品总量的2%。

6. 溶剂和化工原料

约有10%的石油产品是用作石油化工原料和溶剂，其中包括制取乙烯的原料（轻油）以及石油芳烃和各种溶剂油。

二、石油的利用

从寻找石油到利用石油，大致要经过四个阶段，即寻找、开采、输送和加工，现代石油加工把这四个阶段分别称为石油勘探、油田开发、油气集输和石油炼制。

石油勘探——寻找石油有许多方法，但地下是否有油，需要靠钻井来证实。一个国家在钻井技术上的进步程度，往往反映了这个国家石油工业的发展状况。

油田开发——通过石油勘探证实了油气的分布范围之后，投入规模化的生产，建立油井，开发油田。1821年，我国开发的四川富顺县自流井气田是世界上最早的天然气田。

油气集输——是指如何将从地下开采的石油收集并输送到加工地点。1875年左右，自流井气田采用当地盛产的竹子为原料，去节打通，外用麻布缠绕涂以桐油，连接成我们现在所称的"输气管道"，总长二三百里，在当时的自流井地区，绵延交织的管线翻越丘陵、穿过沟洞，形成输气网络，使天然气的应用从井的附近延伸到远距离的盐灶，推动了气田的开发。

石油炼制——即石油的加工。公元512~518年，北魏时所著的《水经注》中介绍了从石油中提炼润滑油的情况，这说明早在公元6世纪我国就萌发了石油炼制工艺。英国科学家约瑟在有关论文中指出："在公元10世纪，中国就已经有石油而且大量使用"。由此可见，在这以前中国人就对石油进行蒸馏加工了。

石油炼制工业是国民经济最重要的支柱产业之一，是提供能源，尤其是交通运输燃料和有机化工原料的最重要的工业。据统计，全世界总能源需求的40%依赖于石油产品，汽车、飞机、轮船等交通运输器械使用的燃料几乎全部是石油产品；有机化工原料，如三烯（乙烯、丙烯、丁烯）、三苯（苯、甲苯、二甲苯）、一炔（乙炔）等基础有机原料，主要也是来源于石油炼制工业，世界石油总产量的10%左右用于生产有机化工原料；同时，石油也是提取润滑油的主要原料，各种机械设备需要用润滑材料来防止机械磨损和节省动力消耗，量大、面广的各种润滑油、脂，都是从石油中提取的，目前世界石油总产量的2%左右用于生产润滑油。

三、炼油厂初步认识

炼油厂是进行大宗物料加工，大宗物料移动的企业。厂址一般位于市场集中，交通便利，临海临江的位置（早期厂址选择一般考虑地域布点，战备需求，靠近油田）。炼油厂主要由两大部分组成，即：炼油过程和辅助设施。从原油生产出各种石油产品一般必须经过多个物理的及化学的炼油过程。通常，每个炼油过程相对独立地自成为一个炼油生产装置。在某些炼油厂，从减少用地、余热利用、中间产品输送、集中控制等考虑，把几个炼油装置组合成一个联合装置。为了保证炼油生产的正常进行，炼油厂还必须有完备的辅助设施，例如供电、供水、废物处理、储运等系统。

一般炼厂的生产流程：卸车台、原油管道末端、码头—原油罐区——次加工装置—二次加工装置—产品精制装置—成品油罐区—装车台、原油管道首端、码头。

炼油厂按功能分区可分为：工艺装置区、储运区、公用工程区、辅助设施区、罐区等（见图0-3）。

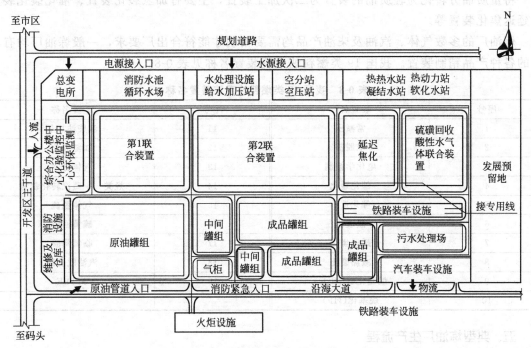

图0-3 某炼油厂平面布置图

(1) 工艺装置区　工艺装置区是完成由原油转化为成品的生产区，大型炼油厂一般由十几套装置组成。

(2) 储运区　储运区包括储罐区和装卸区，储罐区由原油罐、中间罐、成品罐组成，其功能是接受和储存输入的原油和装置输出的各种成品、半成品。装卸区由铁路、公路、水运码头区组成。

(3) 公用工程设施　公用工程设施由循环水场、给水加压站、变配电、空压站、动力站等设施组成，其作用是满足工艺加工、油品储运实现其功能的配套设施。

(4) 辅助设施　辅助设施由综合楼、消防站、仓库、三修、污水处理、火炬设施等构成，是保证全厂正常生产、对外联系、安全环保的设施。

(5) 通道　通道用于布置全厂道路、排水沟和系统管线，同时又兼做防火隔离带。

四、炼油装置

炼油装置是将原油及中间产品、半成品加工为石油产品的工艺装置的统称，炼油厂根据加工原油种类以及目的产品的不同，确定不同的加工方案，根据加工方案对各种不同的装置进行组合，实现产品加工的目的。

根据原油种类以及产品方案的不同，不同的炼油厂的装置种类及数量是不同的。但一般来说，大多数炼油厂都具有常见的炼油加工装置，并且各个炼油装置的主要工艺过程及产品都是类似的。大体来说，炼油厂的加工装置大概可分为一次加工装置、二次加工装置及产品精制装置。

一次加工过程单指原油通过常减压装置分离出一次产品的加工过程，原油经分馏后，分离出石脑油、柴油、蜡油、渣油等馏分。一次加工装置的产品除柴油及石脑油有时可直接做为产品出厂外，其他如蜡油、渣油都需要转化为轻质油品才能获得较好的效益。

将重质馏分转化为轻质油的装置为二次加工装置，主要有加氢裂化装置、催化裂化装置及延迟焦化装置等。

炼油厂的多数气体、汽油及柴油产品均需要精制才能符合出厂要求，一般炼油厂均有不同的各种产品精制装置。我国19类燃料油系统装置名称见表0-8。

表0-8 我国19类燃料油系统装置名称

序号	装置名称	序号	装置名称
1	常减压	11	汽柴油加氢
2	电脱盐	12	加氢裂化
3	电化学精制	13	气体分馏
4	催化裂化	14	烃类——蒸汽转化制氢
5	催化重整	15	气体脱硫
6	热裂化	16	硫黄回收
7	延迟焦化	17	临氢降凝
8	减黏裂化	18	汽油脱硫醇
9	烷基化（H_2SO_4）	19	MTBE
10	烷基化（HF）		

五、典型炼油厂生产流程

炼油厂生产过程是指将原油加工成各种石油产品的过程，一个炼油厂的构成和生产程序可用工艺流程图来表示。根据炼厂主要目的产品的不同，可将炼油厂分为燃料型、燃料-化工型、燃料-润滑油型炼油厂。

燃料型炼厂主要产品是用作燃料的石油产品。除了生产部分重油燃料油外，减压馏分油和减压渣油通过各种轻质化过程转化为各种轻质燃料。图0-4为某燃料型炼厂的全厂生产工

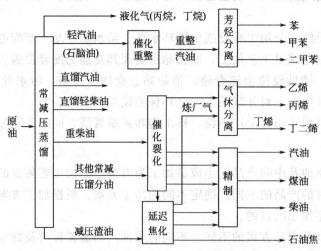

图0-4 某燃料型炼厂的全厂生产工艺流程

艺流程图。

常压蒸馏生产直馏汽油、煤油和柴油。比直馏汽油沸点更低的60～90℃馏分送去催化重整生产高辛烷值汽油组分或芳香烃。减压直馏的馏分油可用作催化裂化原料。从催化裂化装置生产液化气及高辛烷值汽油。将减压塔底的渣油进行焦化，目的产品是焦炭。焦化装置副产品馏分油可根据原油性质不同用作催化原料或进行加氢精制，亦可直接混入燃料油中。

这种流程的特点是加工深度较深，技术水平较高，产品质量也较好。

六、《石油加工生产技术》课程的内容体系和学习方法

石油加工是指将原油经过分离和反应，生产燃料油（如汽油、航空煤油、柴油、燃料油、液化石油气等）、润滑油、化工原料（如苯、甲苯、二甲苯等）及其他石油产品的过程。《石油加工生产技术》重点介绍石油加工生产典型装置及典型岗位的工艺流程、操作规范、主要设备等。它是石油化工技术专业的主要课程之一，是一门理论指导实践、实践依赖于理论的课程。

石油加工工艺是一门应用性、实践性较强的工艺技术，且新工艺、新技术发展较快，因此学习中必须做到理论联系实际，既要重视实践经验的总结，更要重视应用所学的理论分析生产中的现象、处理生产中出现的各种问题，用理论指导生产实践。

第一章 常减压蒸馏装置岗位群

工艺简介

石油是极其复杂的混合物，要从原油中提炼出多种多样的燃料、润滑油和其他产品，基本的途径是：将原油分割为不同沸程的馏分，然后按照油品的使用要求，除去这些馏分中的非理想组分，或者是经由化学转化形成所需要的组成，进而获得合格的石油产品。蒸馏正是解决原油的分割和各种石油馏分在加工过程中分离问题的一种最经济、最容易实现的手段。

常减压蒸馏是将原油经过加热、分馏、冷却等方法将原油分割成为不同沸点范围的组分，以适应产品和下游工艺装置对原料的要求（见图1-1）。常减压蒸馏装置是原油加工的第一道工序，一般包括电脱盐、常压蒸馏和减压蒸馏三个部分。常减压蒸馏是原油的一次加工，在炼油厂加工总流程中有重要地位，常被称为"龙头"装置。一般说来，原油经常减压蒸馏装置加工后，可得到直馏汽油、喷气燃料、轻柴油、重柴油和燃料油等产品，某些含胶质

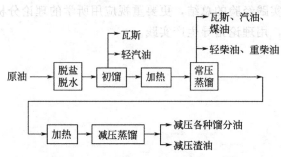

图1-1 常减压蒸馏工艺方框流程图

和沥青质的原油，经减压深拔后还可直接产出道路沥青。在上述产品中，除汽油由于辛烷值低，不直接作为产品外，其余一般均可直接或经过适当精制后作为产品出厂。常减压装置的另一个主要作用是为下游二次加工装置提供原料。例如，重整原料、乙烯裂解原料、催化裂化原料、加氢裂化原料、润滑油基础油等。

原油蒸馏过程中，在一个塔内分离一次称一段汽化。原油经过加热汽化的次数，称为汽化段数，汽化段数一般取决于原油性质、产品方案和处理量等。原油蒸馏装置汽化段数可分为以分为：一段汽化式、两段汽化式、三段汽化式、四段汽化式等。

目前炼油厂最常采用的原油蒸馏流程是两段汽化流程和三段汽化流程。常压蒸馏是否要采用两段汽化流程应根据具体条件对有关因素进行综合分析而定，如果原油所含的轻馏分多，则原油经过一系列热交换后，温度升高，轻馏分汽化，会造成管路巨大的压力降，其结果是原油泵的出口压力升高，换热器的耐压能力也应增加。另外，如果原油脱盐脱水不好，进入换热系统后，尽管原油中轻馏分含量不高，水分的汽化也会造成管路中相当可观的压力降。当加工含硫原油时，在温度超过160~180℃的条件下，某些含硫化合物会分解而释放出H_2S，原油中的盐分则可能水解而析出HCl，造成蒸馏塔顶部、汽相馏出管线与冷凝冷却系统等低温位的严重腐蚀。采用两段汽化蒸馏流程时，这些现象都会出现，给操作带来困难，影响产品质量和收率，大型炼油厂的原油蒸馏装置多采用三段汽化流程。

燃料型常减压加工工艺（三段汽化）流程图见图1-2，首先将原油换热至80~120℃加入精制水和破乳剂，经混合后进入电脱盐脱水器，在高压交流电场作用下使混悬在原油中的

微小液滴逐步扩大成较大液滴,借助重力合并成水层,将水及溶解在水中的盐、杂质等脱除。经脱盐脱水后的原油换热至210~250℃,进入初馏塔,塔顶拔出轻汽油,塔底拔顶原油经换热和常压炉加热到360~370℃进入常压分馏塔,分出汽油、煤油、轻柴油、重柴油馏分,经电化学精制后作成品出厂。常压塔底重油经减压炉加热至380~400℃进入减压分馏塔,在残压为2~8kPa下,分馏出各种减压馏分,作催化或润滑油原料。减压渣油经换热冷却后作燃料油或经换热后作焦化、催化裂化,氧化沥青原料。常减压装置现场图见图1-3,主要设备有常压炉、常压塔、减压炉、减压塔等。

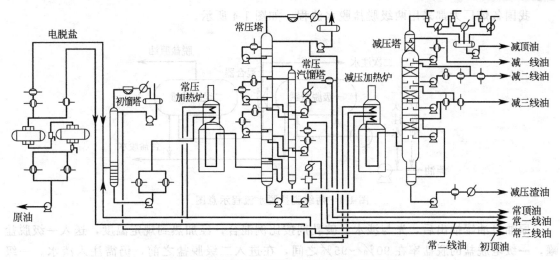

图1-2 原油常减压蒸馏工艺流程图(燃料型)

图1-3 常减压装置现场图

常减压蒸馏车间主要生产岗位有脱盐岗、常压岗、减压岗、司炉岗、司泵岗等,在生产中各岗位必须严格按照岗位操作规范进行操作,以确保生产的正常进行。

第一节 电脱盐岗位

【岗位任务】

1. 按生产的要求,将原油中的盐和水脱除,达到工艺要求。

2. 搞好平稳操作，控制好工艺操作参数，以达到脱盐脱水的效果。

3. 在操作条件变化或生产波动时，要多观察，不能把不合格的油品送入合格罐。做好巡回检查，发现问题要及时处理，处理不了时要及时向班长汇报。

4. 负责本岗位电脱盐系统工艺设备、管线、本岗位负责的仪表控制阀的操作及检查。

5. 做好电脱盐系统运行机泵的检查，并与司泵员配合好，做好电脱盐系统机泵的切换工作。

【典型案例】

我国各炼厂大都采用两级脱盐脱水流程，如图 1-4 所示。

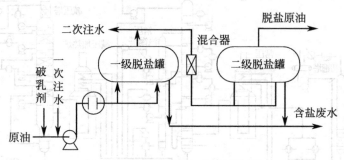

图 1-4 两级脱盐脱水流程示意图

原油自油罐抽出后，先与淡水、破乳剂按比例混合，经加热到规定温度，送入一级脱盐罐，一级电脱盐的脱盐率在 90%~95% 之间，在进入二级脱盐之前，仍需注入淡水。一级注水是为了溶解悬浮的盐粒，二级注水是为了增大原油中的水量，以增大水滴的偶极聚结力。脱水原油从脱盐罐顶部引出，经接力泵送至换热、蒸馏系统。脱出的含盐废水从罐底排出，经隔油池分出污油后排出装置。原油通过处理满足目前国内外炼油厂加工前要求：原油含水量达到 0.1%~0.2%，含盐量<5~10mg/L。

【工艺原理及设备】

一、电脱盐的基本原理

原油电脱盐，主要是加入破乳剂，破坏其乳化状态，在电场的作用下，使微小水滴聚结成大水滴，使油水分离。由于原油中的大部分盐类是溶解在水中，因此脱盐与脱水是同时进行的。

二、破乳剂的作用

破乳剂比乳化剂具有更小的表面张力，更高的表面活性。原油中加入破乳剂后，破乳剂首先分散在原油乳化液中，而后逐渐到达油水界面，由于它具有比天然乳化剂更高的表面活性，因此破乳剂将代替乳化剂吸附在油水界面，并浓缩在油水界面，改变了原来界面的性质，破坏了原来较为牢固的吸附膜，形成一个较弱的吸附膜，并容易受到破坏。

三、电脱盐罐结构

1. 电脱盐罐

电脱盐罐是电脱盐的主要设备。一般为卧式，国外也有球形罐。罐的尺寸取决于原油在强电场中的停留时间，罐内设有两层或三层电极板，一般为三层电极板。设有三层电极板的罐，一般在中间极板接电，带电极板与上层极板设计成强电场，与下层极板设计成弱电场（电脱盐罐见图 1-5，图 1-6）。

图 1-5 电脱盐罐外貌

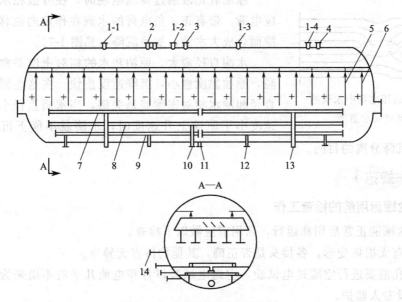

图 1-6 交流电脱盐罐结构图

1—原油出口；2—电源引入口；3—导钠引入口；4—放空口；5—垂直负极板；6—垂直正极板；
7—原油分配器；8—水冲洗管；9—污水切水管；10—水冲洗入口；11—底部放空；
12—污水切水口；13—原油入口；14—界面排放口

2. 电极板

电极板的作用是在电极板间形成均匀电场。电极板的结构采用钢管组合形式，便于安装和检修。

3. 原油分配器

一般在下层电极板的下方设有原油入口分配器，分配器的作用是将原油沿罐的水平截面均匀分布，使原油与水的乳化液在电场中均匀上升。

分配器的结构基本上分两种。一种为管式，管上均布小孔，另一种为倒槽式，在槽的四周开有小孔，倒槽式分配器适用于黏度大、杂质多的重质原油，可以避免分配器堵塞。

4. 罐顶集合管

电脱盐罐的上方设有集合管或集合槽，将脱后原油沿水平方向收集并排出电脱盐罐外。

5. 罐底排水收集管

电脱盐罐底部设有排水收集管，将沉积在罐底的水沿水平方向收集并排出电脱盐罐外。

6. 罐底反冲洗设施

在电脱盐罐底部设有反冲洗设施，在不停工的情况下，定期将沉积在电脱盐罐底的污泥状杂质搅拌并随着水排出电脱盐罐外。

四、电脱盐装置中脱盐过程

原油中的盐大部分溶于所含水中，故脱盐脱水是同时进行的。为了脱除悬浮在原油中的盐粒，在原油中注入一定量的新鲜水（注入量一般为5%），充分混合，然后在破乳剂和高压电场的作用下，使微小水滴逐步聚集成较大水滴，借重力从油中沉降分离，达到脱盐脱水的目的，这通常称为电化学脱盐脱水过程。

原油乳化液通过高压电场时，在分散相水滴上形成感应电荷，带有正、负电荷的水滴在作定向位移时，相互碰撞而合成大水滴，加速沉降，见图1-7。

水滴直径愈大，原油和水的相对密度差愈大，温度愈高，原油黏度愈小，沉降速度愈快。在这些因素中，水滴直径和油水相对密度差是关键，当水滴直径小到使其下降速度小于原油上升速度时，水滴就不能下沉，而随油上浮，达不到沉降分离的目的。

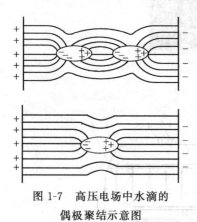

图1-7 高压电场中水滴的偶极聚结示意图

🛠 【操作规范】

一、脱盐罐启用前的检查工作

为使脱盐罐能正常启用和运行，启用前应做以下检查。

① 电极有无损坏变形，各接头是否正确，其他构件有无异常。

② 封人孔前要进行空罐送电试验，空送电试验以各相电流几乎看不出来为正常。为确保安全，要设专人监护。

③ 内部构件和空送电无问题后，可封人孔进行水试压，试压中详细检查有无泄漏处，要特别检查电极法兰是否外漏或内漏，要逐个检查看样管及采样线是否畅通。

④ 压力表、温度计是否齐全好用，量程是否符合要求。

⑤ 切水控制阀、注水控制阀是否灵活好用。

二、脱盐罐使用时的注意事项

为了使电脱盐罐能够正常运行，应注意以下事项。

① 脱盐罐温度要控制在指标内，以使脱盐效果最佳。

② 脱盐罐压力要控制适宜，一般不低于0.5MPa，否则原油将会气化，脱盐罐不能正常运行。但也不能太高，否则脱盐罐安全阀就会跳开。

③ 原油注水量调节时变化不能太大，否则会造成脱盐罐压力波动和电流变化。对于低阻抗变压器，甚至会跳闸。

④ 油水混合阀混合强度不能太大，否则会造成原油乳化致使脱盐效果下降，且使脱盐罐电流上升。对于低阻抗变压器，甚至会跳闸。

⑤ 控制好油水界面，不但要保证自动切水仪表好用，还要经常从采样口处观察校对液面计是否正确，有问题及时处理。

⑥ 正常运行中，还要注意变压器油颜色变化，发现变黑，应及时更新。

三、脱盐罐在线冲洗

电脱盐罐进行反冲洗有以下几个作用。

① 有利于清除罐底沉积物，避免因沉积物过多而降低了沉降的有效空间，甚至污染电极棒和绝缘棒。

② 进行反冲洗能强化脱盐效果。

③ 有利于停工时清罐。

四、脱后原油含水

影响原因：
① 混合阀压降太大；
② 原料油性质变差，含水量高，油水分离效果差；
③ 高压电压过低，电场作用弱；
④ 破乳剂加入量过小；
⑤ 油水界面过高。

调节方法：
① 适当降低混合阀压降；
② 联系原油罐区，加强原油脱水；
③ 适当提高高压电压；
④ 加大破乳剂注入量；
⑤ 控制好油水界面。

五、脱后原油含盐

影响原因：
① 混合阀压降过低，油水未得到有效接触；
② 注水量不足；
③ 脱盐操作温度过低；
④ 原油含盐量增大或油质变重增加了脱盐难度。

调节方法：
① 适当提高混合阀压降；
② 提高一级或二级注水量；
③ 提高原油脱盐温度；
④ 联系相关部门稳定原油性质。

第二节 常压塔岗位

【岗位任务】

1. 按生产的要求，将原油最大限度地合理地切取各种产品，尽量提高轻质油的出油率及总拔出率，以达到最好的经济效益。

2. 搞好平稳操作，搞好物料平衡和热平衡，控制好各塔的工艺操作参数，以满足分馏效果好、产品质量好的要求。

3. 在操作条件变化或生产波动时，要多观察油品的颜色的变化，不能把不合格的油品送入合格罐。做好巡回检查，发现问题要及时处理，处理不了时要及时向班长汇报。

4. 负责本岗位常压系统工艺设备、管线、本岗位负责的仪表控制阀的操作及检查。

5. 搞好常压系统运行机泵的检查，并与司泵员配合好，做好常压系统机泵的切换工作。

【典型案例】

图1-8为常减压仿真系统常压系统DCS图，常压炉出炉油进入常压塔（T2）进行分馏

在塔内精馏。常压塔顶馏出的油气，与原油换热 EH204，油气冷却到 86℃ 进入常顶回流罐（V3）。液相用常顶回流泵（P7/1、2）抽出打回到常压塔顶作塔顶回流。气相经空冷器（KN2/1、2）和后冷器（N2）冷却到 40℃，进入常顶产品罐（V5）。

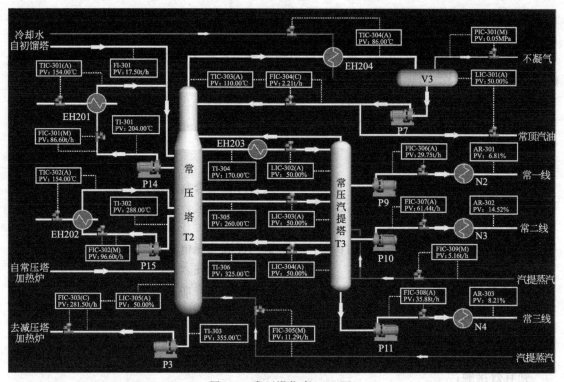

图 1-8　常压塔仿真 DCS 图

常一线从常压塔第 34 层塔板上引出，与换热器 EH203（常三线）换热后引入常压汽提塔（T3）上段，由泵（P9/1、2）从常压汽提塔抽出常一线油，经 E5（原油）、冷却器冷却至 60℃ 左右出装置。

常二线从常压塔第 23 层塔板上引入到常压汽提塔（T3）中段，由泵（P10/1、2）从常压汽提塔抽出常二线油，经 E12/1、2（脱后原油）、E7（脱后原油）、E16（脱前原油）、E2（脱前原油）换热后，再经空冷器（KN4/1、2）冷却到 60℃ 送出装置。

常三线从常压塔第 15 层塔板上引入到常压汽提塔（T3）下段，由泵（P11/1、2）从汽提塔抽出常三线油，经过 E40（常三热虹吸重沸器）提供汽提热源，与 E42（除盐水），E45（伴热水）换热后，再经冷却器（N4）冷却到 60℃ 左右送出装置。

常一中从常压塔第 31 层塔板上经常一中泵（P14）抽出，与蒸 1、蒸 3 换热发生 $p=1.0\mathrm{MPa}$ 及 $p=0.4\mathrm{MPa}$ 的蒸汽后温度降为 154℃ 返回常压塔 33 层塔盘上。

常二中从常压塔第 22 层塔板上经常二中泵（P15/1、2）抽出，与 E30/1、2 换热后温度降为 154℃ 返回常压塔常二中填料段上部。

常压塔底油由常底泵（P3/1、2）抽出，分四路送入减压炉（F2），加热到 395℃，在出口合为一路进入减压塔（T4）的进料段进行减压蒸馏。

【工艺原理及设备】

一、石油蒸馏相关概念

蒸馏是利用原油混合物中各个物质沸点的不同，将其分离的方法。

由于原油中物质的种类很多，而且很多物质的沸点相差不大，这样就使得原油中各个组分的完全分离十分困难。然而对原油加工来说，并不需要进行精确的分离，因此可以按一定的沸点范围，把原油分离成不同的馏分，再送往二次加工装置进行加工。

馏分：是指用分馏方法把原油分成的不同沸点范围的组分。

石油是一个多组分的复杂混合物，每个组分有其各自不同的沸点。用分馏的方法，可以把石油馏分分成不同温度段，如<200℃、200～350℃等。

馏分不等同于石油产品，馏分必须经过进一步加工，达到油品的质量标准，才能称为合格的石油产品。

直馏馏分：从原油直接分馏得到的馏分。它基本保留了石油化学组成的本来面目，如：不含不饱和烃，在化学组成中含有烷烃、环烷烃、芳香烃等。

二、石油馏分组成

从常压蒸馏开始馏出的温度（初馏点）到小于200℃的馏分为汽油馏分（也称轻油或石脑油馏分）。

常压蒸馏200～350℃的馏分为煤、柴油馏分（也称常压瓦斯油，AGO）。

由于原油从350℃开始有明显的分解现象，所以对于沸点高于350℃的馏分，需在减压下进行分馏，在减压下蒸出馏分的沸点再换算成常压沸点。

沸点相当于常压下350～500℃的馏分为减压馏分（也称减压瓦斯油，VGO）。

沸点相当于常压下大于500℃的馏分为减渣馏分（VR）。

三、蒸馏的形式

蒸馏有多种形式，可归纳为闪蒸（平衡气化或一次汽化）、简单蒸馏（渐次汽化）和精馏三种方式。简单蒸馏常用于实验室或小型装置上，如恩氏蒸馏；而闪蒸和精馏是在工业上常用的两种蒸馏方式，前者如闪蒸塔、蒸发塔或精馏塔的汽化段等，精馏过程通常是在精馏塔中进行的。

1. 闪蒸（flash distillation）

加热某一物料至部分气化，经减压设施，在容器（如闪蒸罐、闪蒸塔、蒸馏塔的气化段等）中，于一定温度和压力下，气、液两相分离，得到相应的气相和液相产物，叫做闪蒸。闪蒸只经过一次平衡，其分离能力有限，常用于只需粗略分离的物料。如石油炼制和石油裂解过程中的粗分。

2. 简单蒸馏（simple distillation）

作为原料的液体混合物被放置在蒸馏釜中加热。在一定的压力下，当被加热到某一温度时，液体开始气化，生成了微量的蒸气，即开始形成第一个气泡，此时的温度，即为该液相的泡点温度，液体混合物到达了泡点状态。生成的气体当即被引出，随即冷凝，如此不断升温，不断冷凝，直到所需要的程度为止。这种蒸馏方式称为简单蒸馏。

在整个简单蒸馏过程中，所产生的一系列微量蒸气的组成是不断变化的；从本质上看，简单蒸馏过程是由无数次平衡气化组成的，是渐次气化过程；简单蒸馏是一种间歇过程，基本上无精馏效果，分离程度也还不高，一般只是在实验室中使用

3. 精馏（rectification）

精馏是分离液相混合物的有效手段，它是在多次部分气化和多次部分冷凝过程的基础上发展起来的一种蒸馏方式。

炼油厂中大部分的石油精馏塔,如原油精馏塔、催化裂化和焦化产品的分馏塔、催化重整原料的预分馏塔以及一些工艺过程中的溶剂回收塔等,都是通过精馏这种蒸馏方式进行操作的。

四、初馏塔、常压塔作用

初馏塔是拔出原油中的轻汽油馏分的分离设备。脱盐后的原油经换热,温度达到210~250℃,这时较轻的组分已经汽化,气液混合物一起进入初馏塔或闪蒸塔,初馏塔的任务就是对原油进行一次预蒸馏,从塔顶拔出原油中的部分汽油组分。换热后原油进入汽化段后部分汽化,流入塔底的液相部分(初底油)送至常压炉,气相上升到塔顶,从塔顶拔出原油中的部分汽油组分。侧线可根据目的产品的要求而设置,可作为回流或者作为产品出装置。

初馏塔的设置有以下几点作用。

① 由于初馏塔的进料温度较低,原油中的金属有机化合物未受到高温分解。当需要生产重整原料,而原油中的砷含量又较高时,初顶可以生产出砷含量较低的干点170℃左右重整原料。其余的轻馏分则因进料温度较高、砷含量较高自常压塔顶拔出。

② 当原油带水或电脱盐系统波动时,增加初馏塔对稳定常压塔的操作、防止冲塔事故的发生有好处。

③ 稳定常压塔的操作。设置初馏塔可以大大降低因原油性质变化,以及其他因素引起的常压塔的操作波动,有利于生产工序的稳定。

④ 在加工高硫高盐等劣质原油时,由于塔顶低温部位 H_2S-HCl-H_2O 型腐蚀严重,设置初馏塔后,可将大部分腐蚀转移到初馏塔,减轻常压塔顶系统的腐蚀,这样做在经济上较为合理。

⑤ 初馏塔可以采用较高的操作压力(绝压0.2~0.4MPa),减少轻质馏分的损失。

常压塔的主要作用是切割350℃以前的馏分,如汽油、煤油和柴油等。因此,常压塔侧线开得较多,一般开3~4个侧线。

五、常压塔结构

典型的常压塔结构如图1-9所示。

由于产品种类较多,取热量大,故常压塔全塔塔板总数较多,一般有42~50层。各

图1-9 常压塔结构图

侧线之间的大致塔板数见表1-1。

表1-1 常压塔塔板数

馏 分	塔板数/层
汽油~煤油	10~12
煤油~轻柴油	10~11
轻柴油~重柴油	8~10
重柴油~裂化原料	6~8
裂化原料~进料	3~4
进料~塔底	4

六、原油常压精馏塔工艺特点

1. 常压塔是一个复合塔

原油通过常压蒸馏要切割成汽油、煤油、轻柴油、重柴油和重油等四、五种产品馏分。按照一般的多元精馏办法,需要有 $N-1$ 个精馏塔才能把原料分割成 N 个馏分。但是在石油精馏中,各种产品本身依然是一种复杂混合物,它们之间的分离精确度并不要求很高,两种产品之间需要的塔板数并不多,因而原油常压精馏塔是在塔的侧部开若干侧线以得到如上所述的多个产品馏分,就像 N 个塔叠在一起一样,它的精馏段相当于原来 N 个简单塔的精馏段组合而成,而其下段则相当于最下一个塔的提馏段,故称为复合塔。

2. 常压塔的原料和产品都是组成复杂的混合物

原油经过常压蒸馏可得到沸点范围不同的馏分,如汽油、煤油、柴油等轻质馏分油和常压重油,这些产品仍然是复杂的混合物(其质量是靠一些质量标准来控制的,如汽油馏程的干点不能高于205℃)。35~150℃是石脑油或重整原料,130~250℃是煤油馏分,250~300℃是柴油馏分,300~350℃是重柴油馏分,可作催化裂化原料。高于350℃是常压重油。

3. 汽提段和汽提塔

对石油精馏塔,提馏段的底部常常不设再沸器,因为塔底温度较高,一般在350℃左右,在这样的高温下,很难找到合适的再沸器热源。因此,通常向底部吹入少量过热水蒸气,以降低塔内的油气分压,使混入塔底重油中的轻组分汽化,这种方法称为汽提。汽提所用的水蒸气通常是 400~450℃,约为 3MPa 的过热水蒸气。

在复合塔内,汽油、煤油、柴油等产品之间只有精馏段而没有提馏段,这样侧线产品中会含有相当数量的轻馏分,这样不仅影响侧线产品的质量,还会降低轻馏分的收率。所以通常在常压塔的旁边设置若干个侧线汽提塔(见图 1-10),这些汽提塔可重叠起来,但相互之间是隔开的,侧线产品从常压塔中部抽出,送入汽提塔上部,从汽提塔下注入水蒸气进行汽提,汽提出的低沸点组分同水蒸气一道从汽提塔顶部引出返回主塔,侧线产品由汽提塔底部抽出送出装置。

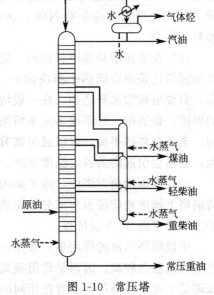

图 1-10 常压塔

在有些情况下,侧线的汽提塔不采用水蒸气而仍像正规的提馏段那样采用再沸器。这种做法是基于以下几点考虑。

① 侧线油品汽提时,产品中会溶解微量水分,对有些要求低凝点或低冰点的产品,如航空煤油,这种做法可能使冰点升高,采用再沸提馏可避免此弊病。

② 汽提用水蒸气的质量分数虽小(通常为侧线产品的2%~3%),但水的相对分子质量比煤油、柴油低数十倍,因而体积流量相当大,增大了塔内的气相负荷。采用再沸提馏代替水蒸气汽提有利于提高常压塔的处理能力。

③ 水蒸气的冷凝潜热很大,采用再沸提馏有利于降低塔顶冷凝器的负荷。

④ 采用再沸提馏有助于减少装置的含油污水量。

采用再沸提馏代替水蒸气汽提会使流程设备复杂些，因此采用何种方式要具体分析。侧线油品用作裂化原料时则可不必汽提。

常压塔进料汽化段中未汽化的油料流向塔底，这部分油料中还含有相当多的低于350℃轻馏分。因此，在进料段以下也要有汽提段，即在塔底吹入过热水蒸气以使其中的轻馏分汽化后返回精馏段，以达到提高常压塔拔出率和减轻减压塔负荷的目的。塔底吹入的过热水蒸气的质量分数一般为2%～4%。常压塔底不可能用再沸器代替水蒸气汽提，因为常压塔底温度一般为350℃左右，如果用再沸器，很难找到合适的热源，而且再沸器也十分庞大。减压塔的情况也是如此。

4. 全塔热平衡

由于常压塔塔底不用再沸器，热量来源几乎完全取决于加热炉加热的进料。汽提水蒸气（一般约450℃）虽也带入一些热量，但由于只放出部分显热，且水蒸气量不大，因而这分热量是不大的。全塔热平衡的情况引出以下几个问题。

（1）常压塔进料的汽化率至少应等于塔顶产品和各侧线产品的产率之和，否则不能保证要求的拔出率或轻质油收率。至于普通的二元或多元精馏塔，理论上讲进料的汽化率可以在0～1之间任意变化而仍能保证产品产率。在实际设计和操作中，为了使常压塔精馏段最低一个侧线以下的几层塔板（在进料段之上）上有足够的液相回流以保证最低侧线产品的质量，原料油进塔后的汽化率应比塔上部各种产品的总收率略高一些。高出的部分称为过汽化度。常压塔的过汽化度一般为2%～4%。实际生产中，只要侧线产品质量能保证，过汽化度低一些是有利的，这不仅可减轻加热炉负荷，而且炉出口温度降低可减少油料的裂化。

（2）在常压塔只靠进料供热，而进料的状态（温度、汽化率）又已被规定。因此，常压塔的回流比是由全塔热平衡决定的，变化的余地不大。常压塔产品要求的分离精确度不太高，只要塔板数选择适当，在一般情况下，由全塔热平衡所确定的回流比已完全能满足精馏的要求。普通的二元系或多元系精馏与原油精馏不同，它的回流比是由分离精确度要求确定的，至于全塔热平衡，可以通过调节再沸器负荷来达到。在常压塔的操作中，如果回流比过大，必然会引起塔的各点温度下降、馏出产品变轻、拔出率下降。

（3）在原油精馏塔中，除了采用塔顶回流外，通常还设置1～2个中段循环回流，即从精馏塔上部的精馏段引出部分液相热油，经与其他冷流换热或冷却后再返回塔中，返回口比抽出口通常高2～3层塔板。

中段循环回流的作用是，在保证产品分离效果的前提下，取走精馏塔中多余的热量，这些热量因温位较高，因而是价值很高的可利用热源。采用中段循环回流的好处是，在相同的处理量下可缩小塔径，或者在相同的塔径下可提高塔的处理能力。

5. 恒分子回流的假定完全不适用

在普通的二元和多元精馏塔的设计计算中，为了简化计算，对性质及沸点相近的组分所组成的体系作出了恒分子回流的近似假设，即在塔内的气、液相的摩尔流量不随塔高而变化。这个近似假设对原油常压精馏塔是完全不能适用的。石油是复杂混合物，各组分间的性质可以有很大的差别，它们的摩尔汽化潜热可以相差很远，沸点之间的差别甚至可达到几百度。如常压塔顶和塔底之间的温差就可达250℃左右。显然，以精馏塔上、下部温差不大，塔内各组分的摩尔汽化潜热相近为基础所作出的恒分子回流这一假设对常压塔是完全不适用的。

【操作规范】

一、正常操作

常压塔的正常操作主要是温度、液面和压力的控制,塔的平稳操作关键是控制好塔的物料平衡、热量平衡、维持好一个合理的操作条件,工艺参数的控制主要就是针对上述两点要求进行调节的。

(一) 温度控制

常压蒸馏系统主要控制的温度点有:加热炉出口、塔顶、侧线温度。

侧线温度是影响侧线产品收率和质量的主要因素,侧线温度高,侧线馏分变重。侧线温度可通过侧线产品抽出量和中段回流进行调节和控制。

1. 温度控制原则

(1) 塔顶温度用塔顶回流量调节及塔顶循返塔温度控制 塔顶温度是影响塔顶产品收率和质量的主要因素,常压塔顶温度对汽油组分及常一线的质量有决定性的影响。塔顶温度高,则塔顶产品收率提高,相应塔顶产品终馏点提高,即产品变重。反之则相反。塔顶温度主要通过塔顶回流量和回流温度控制实现。

(2) 侧线温度用侧线抽出量及塔顶温度调节 常压侧线温度是控制侧线产品质量的一个重要因素,它是通过改变塔顶温度和改变侧线抽出量,从而使抽出板上下液相回流量发生变化来进行调节的,但由于侧线的抽出量对一定的进料量占一定的比例关系,不允许作大幅度的变化。

(3) 循环回流、中段回流用与顶温和侧线温度调节。

2. 常压塔顶温度控制

影响原因:　　　　　　　　　　　调节方法:
① 常炉出口波动;　　　　　　　　① 稳定炉出口温度;
② 顶回流量变化;　　　　　　　　② 控制好顶回流量;
③ 回流油温度变化;　　　　　　　③ 调整好汽油冷后温度;
④ 顶回流带水;　　　　　　　　　④ 加强回流罐切水;
⑤ 侧线抽出量变化;　　　　　　　⑤ 稳定侧线抽出量;
⑥ 原油含水量变化;　　　　　　　⑥ 加强电脱盐罐切水;
⑦ 原油性质变化;　　　　　　　　⑦ 根据原油比重调整塔顶温度;
⑧ 塔底吹汽量变化;　　　　　　　⑧ 稳定塔底吹气开度及压力;
⑨ 原油量波动;　　　　　　　　　⑨ 稳定原油炼量;
⑩ 塔顶压力变化;　　　　　　　　⑩ 分析变化原因及时调整;
⑪ 冲塔;　　　　　　　　　　　　⑪ 见冲塔事故处理方法;
⑫ 仪表失灵或指示假象;　　　　　⑫ 校验仪表;
⑬ 侧线量波动;　　　　　　　　　⑬ 稳定侧线量;
⑭ 热电偶接触不好;　　　　　　　⑭ 联系仪表处理;
⑮ 操作不当。　　　　　　　　　　⑮ 及时调整操作。

3. 侧线温度控制

影响原因:　　　　　　　　　　　调节方法:
① 塔顶温度变化;　　　　　　　　① 稳定塔顶温度;

② 塔顶压力变化； ② 稳定塔顶压力；
③ 侧线抽出量变化； ③ 调整侧线抽出量；
④ 炉出口温度波动； ④ 平衡炉出口温度；
⑤ 原油量变化； ⑤ 稳定原油量；
⑥ 原油性质变化； ⑥ 根据原油比重调整侧线量；
⑦ 塔盘堵或泄漏； ⑦ 必要时停工处理；
⑧ 冲塔； ⑧ 见冲塔事故处理；
⑨ 塔底吹汽量波动； ⑨ 稳定过热蒸汽压力及开度；
⑩ 仪表失灵； ⑩ 校验仪表；
⑪ 塔底液面过高淹塔； ⑪ 稳定塔底液面；
⑫ 顶循、中断回流量变化； ⑫ 稳定回流量；
⑬ 操作不当。 ⑬ 及时调整操作。

(二) 液面控制

1. 控制原则

① 常底液面由塔底抽出量及原油量调节。

② 侧线汽提塔液面由侧线抽出量调节。

③ 常顶回流罐汽油液面用汽油外送量调节。

④ 汽提塔内液面由外送量调节。

2. 闪底液面控制

影响原因： 调节方法：
① 原油量变化； ① 稳定原油量；
② 原油罐无液位； ② 及时换罐；
③ 原油含水大。 ③ 加强灌区切水、电脱盐灌脱水、必要时切换原油罐。

3. 常压塔底液面控制

影响原因： 调节方法：
① 原油量变化； ① 稳定原油量；
② 炉出口温度变化； ② 稳定炉出口温度；
③ 侧线抽出量变化； ③ 调整侧线抽出量；
④ 塔顶温度变化； ④ 稳定塔顶温度；
⑤ 塔底吹汽量变化； ⑤ 调整塔底吹流量；
⑥ 原油含水量变化； ⑥ 提高原油脱水效果；
⑦ 原油性质变化； ⑦ 根据原油比重调整侧线量；
⑧ 塔顶压力变化； ⑧ 调整塔顶压力；
⑨ 塔底泵抽空； ⑨ 切换处理塔底泵；
⑩ 仪表失灵； ⑩ 校验仪表，排除故障；
⑪ 常塔进料量变化。 ⑪ 稳定进量。

(三) 常压塔顶压力控制

压力是油品分馏的主要工艺条件之一，它的变化会引起全塔操作条件的改变，塔顶压力实际上反映了塔顶系统压力降的大小。

1. 控制原则

要求保持塔顶压力低并且平稳，以提高拔出率，并使质量合格。

2. 塔顶压力控制

影响原因：	调节方法：
① 原油处理量的变化；	① 调整原油炼量；
② 炉出口温度变化；	② 稳定炉出口温度；
③ 原油含水变化；	③ 加强原油脱水；
④ 原油性质变化；	④ 适当变化操作条件；
⑤ 塔底吹汽量变化；	⑤ 调整塔底吹汽量；
⑥ 回流油温度变化；	⑥ 调整汽油冷后温度；
⑦ 塔顶温度变化；	⑦ 调整塔顶回流量；
⑧ 回流带水；	⑧ 加强回流罐切水；
⑨ 天气温度变化；	⑨ 调整冷却系统上水量；
⑩ 塔顶冷却系统堵塞；	⑩ 停工处理；
⑪ 回流罐憋压；	⑪ 回流罐顶部放空；
⑫ 仪表失灵。	⑫ 校验仪表。

二、常压塔产品质量调节

（一）常顶汽油质量（干点）控制

1. 控制原则

由塔顶温度控制。

2. 常顶汽油质量控制

影响原因：	调节方法：
① 塔顶压力变化；	① 平稳塔顶压力；
② 塔顶温度变化；	② 调稳塔顶温度；
③ 原油量变化；	③ 稳定原油量；
④ 塔底或侧线吹流量变化；	④ 平稳过热蒸汽压力和开度；
⑤ 原油性质变化；	⑤ 适当调整塔顶温度；
⑥ 顶回流带水；	⑥ 加强回流罐切水；
⑦ 顶回流温度变化；	⑦ 控制好汽油冷后温度；
⑧ 塔底液面高冲塔。	⑧ 降低原油炼量，加大塔底抽出量。

（二）侧线油质量控制

1. 闪点过低

影响原因：	调节方法：
① 侧线汽提蒸汽太少；	① 适当开大侧线汽提量；
② 塔顶温度控制太低；	② 适当提高塔顶温度；
③ 侧线抽出量太少；	③ 提高侧线抽出量；
④ 原油性质变化；	④ 适当提高塔顶温度和侧线外送量；
⑤ 塔顶压力大。	⑤ 降低塔顶压力或提高塔顶温度。

2. 凝固点高（干点高）

影响原因：	调节办法
① 侧线抽出量过多；	① 减小侧线抽出量；

② 侧线温度高；
③ 下一线汽提量过大；
④ 塔底吹汽量大；
⑤ 炉出口温度波动；
⑥ 塔底液面高冲塔；
⑦ 原油流量下降。

② 压塔顶温度或减少侧线抽出量；
③ 减小汽提量；
④ 平稳过热蒸汽压力或关小汽提量；
⑤ 稳定炉出口温度；
⑥ 按冲塔事故处理；
⑦ 提高原油量并保证平稳。

三、设备操作管理

（一）塔、回流罐

1．日常检查

检查人孔、法兰、连续管线阀门、安全阀是否泄漏，液面压力指示是否正确。

2．侧线开放步骤

① 馏出线与抽出线在塔体联合试压时先用蒸汽贯通试压，在泵出口排空。

② 侧线开放前汽提塔给汽暖塔，在泵出口放空。原油升温循环时，注意切水。

③ 打开馏出线，汽提塔进油，见液面后开汽提塔底阀门，泵送油，调节质量。

（二）换热器

1．启用步骤

① 放净换热器内存水，先稍开冷油入口阀，将空气排净关放空阀，当换热器出口压力与入口压力平衡时，再慢慢开出口阀维持压力平衡。

② 冷油充满后将出入口阀门全开，再慢慢关死副线阀。

③ 然后按同样步骤，换热器进热油。

2．停用步骤

① 先开热油副线阀，后关热油出入口阀。

② 开冷油副线阀，关冷油出入口阀。

③ 用蒸汽将换热器管、壳程存油扫至地沟。

3．正常检查

检查换热器连接法兰、大盖、管箱是否渗漏或超压，管壳之间芯子是否泄漏、串油。

（三）冷凝器

1．正常检查

检查冷凝器下水是否带油，油线、水线的法兰、头盖、管箱有否泄漏，上水压力、冷后温度是否正常。

2．启用步骤

① 先开循环水上水阀，后稍开下水阀门。

② 热油（汽）引进冷凝器后，用下水阀调节上水量及冷后温度。

③ 停用：先停油、汽后停上水，最后用蒸汽吹扫。

（四）箱式盘管冷却槽

1．启用步骤

① 开上水线阀门，冷却槽加满水，重油冷却槽，用蒸汽加温 80～90℃。

② 稍开热油出口阀，全开入口阀，待冷后温度上升到规定温度后，慢慢开大上水阀，调节好冷后温度。

③ 常压侧线冷却槽上水，用减顶冷凝器下水。

2. 停用
① 先停油,后关上水阀,冬季稍开放空阀防止冻凝。
② 放掉冷却槽内存水,油线进行扫线。
3. 正常检查
① 检查下水是否带油,上水压力及冷后温度是否正常。
② 检查水线、油线的法兰、阀门是否泄漏。

第三节 减压塔岗位

【岗位任务】

1. 按生产任务要求最大限度地提高减压系统真空度,搞好平稳操作,搞好物料平衡和热平衡,控制好减压系统的各部工艺参数,以满足分馏效果好、产品质量好、拔出率高,以达到最好的经济效益。
2. 在操作条件变化或生产波动时要多观察油品的颜色变化,不能把不合格的油品送入合格罐。
3. 按规定控制好各侧线产品的冷后温度。
4. 做好巡回检查,发现问题要及时处理,处理不了时要及时向班长汇报。
5. 负责本岗位减压系统工艺设备、管线、本岗位负责的仪表控制阀的操作及检查。
6. 做好减压系统运行机泵的检查,并与司泵员配合好,做好减压系统机泵的切换工作。

【典型案例】

图1-11为常减压仿真系统减压系统DCS图,常底重油用塔底泵打入F2减压炉辐射室,加热至395℃后进入减压塔(T4)。

减压塔(T4)塔顶油气经抽真空系统后,不凝气放空或作为瓦斯去加热炉燃烧。冷凝部分进入减顶分水罐(V4),由泵(P24/1、2)抽出。

减一线从减压塔顶部填料段下面的集油箱中抽出送入分离罐(V5),由减一线泵(P16/1、2)抽出,经过E3(原油)、E43/1、2(除盐水)换热后,经冷却器(N8/1、2)后分成两路。一路作为减一线油送出装置;另一路返回减压塔顶做减顶回流。

减二线从减压塔第三层填料段下面的集油箱抽出进入减压汽提塔,油气返回减压塔,减二线油用泵(P17/1、2)抽出,与E21/1、2(原油)、E8(原油)、E17(原油)、E51(采暖水)换热,经冷却器(N9)冷至60℃送出装置。

减三线从减压塔第五层填料段下面的集油箱抽出进入减压汽提塔,油气返回减压塔,减三线由减三线泵(P18或P17/2)抽出,与E9/1、2(原油)、E4(原油)换热,经冷却器(N10)冷至60℃送出装置。

减四线从减压塔第六层填料段下面的集油箱抽出进入减压汽提塔,油气返回减压塔。减四线由减四线泵(P19/1、2)抽出与E33、E47(采暖水)换热,经冷却器(N11)冷至60℃送出装置。

减一中由泵(P22或P23/2)从第二层填料下面的集油箱中抽出,经蒸2/1、2与除氧水发生$p=1.0MPa$蒸汽之后,再与E11/1、2(原油)换热降至150℃,返回减压塔第二层

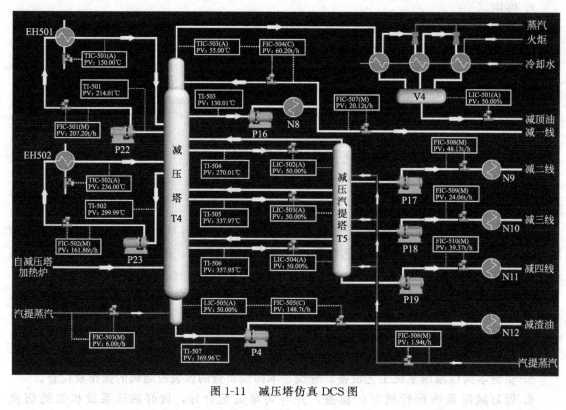

图1-11 减压塔仿真DCS图

填料段上面的液体分配器。

减二中由泵（P23/1、2）从第四层填料下面的集油箱中抽出，与E37/1、2（拔头原油）、E35/1、2（拔头原油）换热后温度降为236℃，返回减压塔第四层填料上面的液体分配器。

减压塔底渣油由渣底油泵（P21/1、2）抽出，分两路换热，一路与E39/1、2（拔头油）、E31（拔头油）、E10/1~4（脱后原油）换热；另一路与E34/1、2（拔头油）、E32（拔头油）、E36（拔头油）、E13/1、2（脱后原油）换热。两路合并再与E6（脱前原油）、E50/1、2（采暖水）换热，经冷却器（N13/1、2）冷至98℃送出装置。

【工艺原理及设备】

一、减压塔作用

原油中的350℃以上的高沸点馏分在高温下会发生分解反应，为了保证该馏分范围的质量，所以在常压塔的操作条件下不能获得这些馏分，只能在减压和较低的温度下通过减压蒸馏取得。在现代技术水平下，通过减压蒸馏可以从常压重油中蒸馏出沸点约550℃以下的馏分油。减压蒸馏的核心设备是减压精馏塔和它的抽真空系统。减压塔的作用就是在减压条件下，分割常压炉进料温度下常压塔不能汽化的馏分（常底油），通常是350~550℃之间的馏分，获得加氢裂化料、催化裂化原料或者润滑油基础油料等产品。

二、减压塔结构及特点

根据生产任务的不同，减压塔可分为润滑油型和燃料型两种，见图1-12和图1-13。减压塔外貌图见图1-14；结构简图见图1-15。

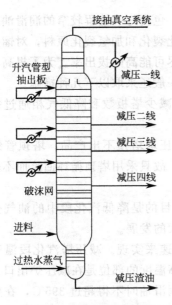

图 1-12 润滑油型减压塔

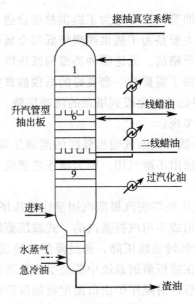

图 1-13 燃料油型减压塔

图 1-14 减压塔外貌

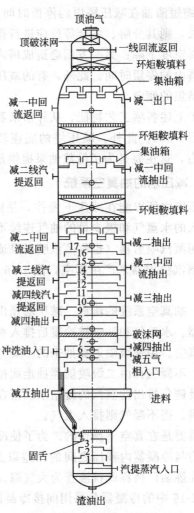

图 1-15 减压塔结构简图

润滑油型减压塔是为了提供黏度合适、残炭值低、色度好和馏程较窄的润滑油料。燃料型减压塔主要是为了提供残炭值低和金属含量低的催化裂化和加氢裂化原料，对馏分组成的要求是不严格的。无论哪种类型的减压塔，都要求有尽可能高的拔出率。为了提高汽化段的真空度，除了需要有一套良好的塔顶抽真空系统外，一般还采取以下几种措施。

① 降低从汽化段到塔顶的流动压降。这主要依靠减少塔板数和降低气相通过每层塔板的压降来实现。

② 降低塔顶油气馏出管线的流动压降。为此，减压塔塔顶不出产品，塔顶管线只供抽真空设备抽出不凝气用。因为减压塔顶没有产品馏出，故只采用塔顶循环回流而不采用塔顶冷回流。

③ 减压塔塔底汽提蒸汽用量比常压塔大，其主要目的是降低汽化段中的油气分压。近年来，少用或不用汽提蒸汽的干式减压蒸馏技术有较大的发展。

④ 降低转油线压降，通过降低转油线中的油气流速来实现。减压塔汽化段温度并不是常压重油在减压蒸馏系统中所经受的最高温度，此最高温度的部位是在减压炉出口。为了避免油品分解，对减压炉出口温度要加以限制，在生产润滑油时不得超过395℃，在生产裂化原料时不超过400~420℃，同时在高温炉管内采用较高的油气流速以减少停留时间。

⑤ 缩短渣油在减压塔内的停留时间。塔底减压渣油是最重的物料，如果在高温下停留时间过长，则其分解、缩合等反应进行得比较显著。其结果，一方面生成较多的不凝气使减压塔的真空度下降；另一方面会造成塔内结焦。因此，减压塔底部的直径通常缩小，以缩短渣油在塔内的停留时间。此外，有的减压塔还在塔底打入急冷油以降低塔底温度，减少渣油分解、结焦的倾向。

由于上述各项工艺特征，从外形来看，减压塔比常压塔显得粗而短，且塔顶和塔底有缩径（见图1-15）。此外，减压塔的底座较高，塔底液面与塔底油抽出泵入口之间的位差在10m左右，这主要是为了给热油泵提供足够的灌注头。

三、减压塔的抽真空系统

减压塔之所以能在减压下操作，是因为在塔顶设置了一个抽空真空系统，将塔内不凝气、注入的水蒸气和极少量的油气连续不断地抽走，从而形成塔内真空。减压塔的抽真空设备可以用蒸汽喷射器（也称蒸汽喷射泵或抽空器）或机械真空泵。在炼油厂中的减压塔广泛地采用蒸汽喷射器来产生真空，图1-16是常减压蒸馏装置常用的蒸汽喷射器抽真空系统的流程。

（1）抽真空系统的流程　减压塔顶出来的不凝气、水蒸气和少量油气首先进入一个管壳式冷凝器。水蒸气和油气被冷凝后排入水封池，不凝气则由一级喷射器抽出，从而在冷凝器中形成真空。由一级喷射器抽来的不凝气再排入一个中间冷凝器，将一级喷射器排出的水蒸气冷凝。不凝气再由二级喷射器抽走而排入大气。为了消除因排放二级喷射器的蒸汽所产生的噪音及避免排出蒸汽的凝结水洒落在装置平台上，通常再设一个后冷器将水蒸气冷凝而排入水阱，而不凝气则排入大气。

冷凝器是在真空下操作的。为了使冷凝水顺利地排出，排出管内水柱的高度应足以克服大气压力与冷凝器内残压之间的压差以及管内的流动阻力。通常此排液管的高度应在10m以上，在炼油厂俗称此排液管为大气腿。

图1-16中的冷凝器是采用间接冷凝的管壳式冷凝器，故通常称为间接冷凝式二级抽真空系统。它的作用在于使可凝的水蒸气和油气冷凝并排出，从而减轻喷射器的负荷。冷凝器

本身并不形成真空，因为系统中还有不凝气存在。

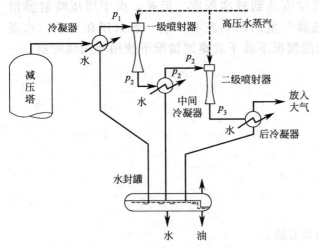

图 1-16　抽真空系统流程

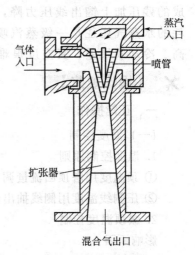

图 1-17　蒸汽喷射器

另外，最后一级冷凝器排放的不凝气中，气体烃（裂解气）占 80％以上，并含有硫化物气体，造成大气污染和可燃气的损失。国内外炼油厂都开始回收这部分气体，把它用作加热炉燃料，即节约燃料，又减少了对环境的污染。

（2）蒸汽喷射器　蒸汽喷射器（或蒸汽喷射泵）如图 1-17 所示。

蒸汽喷射器由喷嘴、扩张器和混合室构成。高压工作蒸汽进入喷射器中，先经收缩喷嘴将压力能变成动能，在喷嘴出口处可以达到极高的速度（1000～1400m/s），使混合室形成了高度真空。不凝气从进口处被抽吸进来，在混合室内与驱动蒸汽混合并一起进入扩张器，扩张器中混合流体的动能又转变为压力能，使压力略高于大气压，混合气才能从出口排出。

（3）增压喷射器　在抽真空系统中，不论是采用直接混合冷凝器、间接式冷凝器还是空冷器，其中都会有水存在。水在其本身温度下有一定的饱和蒸气压，故冷凝器内总是会有若干水蒸气。因此，理论上冷凝器中所能达到的残压最低只能达到该处温度下水的饱和蒸气压。

减压塔顶所能达到的残压应在上述的理论极限值上加上不凝气的分压、塔顶馏出管线的压降、冷凝器的压降。所以减压塔顶残压要比冷凝器中水的饱和蒸气压高，当水温为 20℃ 时，冷凝器所能达到的最低残压为 0.0023MPa，此时减压塔顶的残压就可能高于 0.004MPa。

实际上，20℃ 的水温是不容易达到的，二级或三级蒸气喷射抽真空系统，很难使减压塔顶达到 0.004MPa 以下的残压。如果要求更高的真空度，就必须打破水的饱和蒸气压这个极限。因此，在塔顶馏出气体进入一级冷凝之前，再安装一个蒸气喷射器使馏出气体升压，如图 1-18 所示。

由于增压喷射器前面没有冷凝器，所

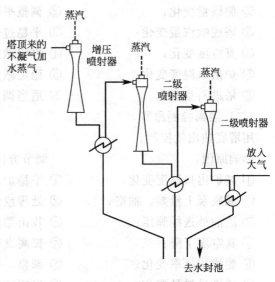

图 1-18　增压喷射器

以塔顶真空度就能摆脱水温限制,减压塔顶所能达到的残压相当于增压喷射器所能造成的残压加上馏出线压力降,使塔内真空度达到较高程度。但是,由于增压喷射器消耗的水蒸气往往是一级蒸汽喷射器消耗蒸气量的四倍左右,故一般只用在夏季、水温高、冷却效果差,真空度很难达到要求的情况下或干式蒸馏情况下使用增压喷射器。

【操作规范】

一、正常操作

(一) 温度控制

1. 温度控制原则

① 顶温度用塔顶回流量调节。
② 压侧线温度用侧线抽出量调节。

2. 减顶温度控制

影响原因:	调节方法:
① 减炉出口温度波动;	① 稳定炉出口温度;
② 顶回流量波动;	② 稳定调节回流量;
③ 侧线量波动;	③ 稳定调节侧线外送量;
④ 塔进料量变化;	④ 相应调节塔顶温度;
⑤ 塔底吹汽量变化;	⑤ 调整过热蒸汽压力调整吹气量;
⑥ 顶回流温度变化;	⑥ 稳定减一线冷后温度;
⑦ 真空度波动;	⑦ 调整真空度;
⑧ 常压拔出率变化;	⑧ 调整减一线外送量;
⑨ 冲塔;	⑨ 按冲塔事故处理;
⑩ 仪表失灵。	⑩ 仪表改手控,修仪表。

3. 侧线温度控制

影响原因:	调节方法:
① 塔顶温度变化;	① 调整回流量,稳定顶温;
② 侧线量变化;	② 调整平稳侧线量;
③ 塔底吹汽量变化;	③ 平稳过热蒸汽压力,稳定吹气量;
④ 真空度变化;	④ 稳定调整真空度;
⑤ 炉出口温度变化;	⑤ 稳定减炉出口温度;
⑥ 塔进料量变化。	⑥ 适当调节侧线量。

(二) 液面控制原则

用塔底抽出量控制。

影响原因:	调节方法:
① 减炉出口温度变化;	① 平稳炉出口温度;
② 减底泵上量差,抽空;	② 处理或切换泵使其上量;
③ 渣油外送线憋压;	③ 找出憋压原因及时处理;
④ 真空度下降;	④ 提高真空度;
⑤ 侧线拔出率变化;	⑤ 调整、平稳侧线量;
⑥ 减塔进料量变化	⑥ 稳定减炉进料量;

⑦ 液面控制失灵；　　　　　　　⑦ 改手控，修理仪表；
⑧ 备用预热阀开得过大。　　　　⑧ 关小预热泵出口阀门。

（三）真空度下降

影响原因：　　　　　　　　　　调节方法：

① 总蒸汽压力下降；　　　　　　① 联系锅炉提高蒸汽压力；
② 蒸汽带水；　　　　　　　　　② 加强蒸汽脱水；
③ 循环水压力下降；　　　　　　③ 联系供排水调节水压；
④ 循环水温度高；　　　　　　　④ 联系供排水调节水温；
⑤ 减顶水封破坏；　　　　　　　⑤ 减顶罐给水建立水封；
⑥ 塔底吹汽量大；　　　　　　　⑥ 关小塔底吹汽；
⑦ 减压系统泄漏；　　　　　　　⑦ 找出泄漏处进行处理；
⑧ 减炉出口温度高；　　　　　　⑧ 降低炉出口温度；
⑨ 减底液面过高；　　　　　　　⑨ 降低进油量，提高抽出量；
⑩ 减顶温度过高；　　　　　　　⑩ 加大回流稳定减顶温度；
⑪ 真空泵堵塞；　　　　　　　　⑪ 停泵检查处理；
⑫ 真空表失灵；　　　　　　　　⑫ 检修校正仪表；
⑬ 冷凝器结垢严重。　　　　　　⑬ 检修处理。

二、产品质量调节

（一）侧线蜡油残炭（干点）控制

影响原因：　　　　　　　　　　调节方法：

① 侧线抽出量过大；　　　　　　① 适当减小侧线量；
② 换热器泄漏、串油；　　　　　② 停用换热器检修；
③ 侧线温度过高；　　　　　　　③ 增加顶回流，减小侧线外送量；
④ 塔底吹汽量大；　　　　　　　④ 关小塔底吹汽；
⑤ 炉出口温度高；　　　　　　　⑤ 降炉出口温度；
⑥ 常压拔出率高；　　　　　　　⑥ 调节常压、侧线拔出量；
⑦ 处理量大，汽相负荷大；　　　⑦ 降低处理量；
⑧ 塔底液面高；　　　　　　　　⑧ 稍减进料量，加大塔底抽出量；
⑨ 破沫板损坏。　　　　　　　　⑨ 待检修处理。

（二）渣油软化点低

影响原因：　　　　　　　　　　调节方法：

① 减炉出口温度低；　　　　　　① 提高炉出口温度；
② 塔底吹汽量小；　　　　　　　② 加大塔底吹汽量；
③ 真空度低；　　　　　　　　　③ 提高减压真空度；
④ 侧线（减三线）拔出量小。　　④ 提高减三线外送量。

三、设备操作管理

真空泵的操作如下。

1. 启用步骤

① 先开三个减顶冷凝器上水。

② 再开三级真空泵蒸汽，后开二级真空泵蒸汽，最后开一级真空泵蒸汽。

③ 调节给水量，使之达到规定真空度。

2. 停用步骤

① 先关一级后关二级真空泵，再关三级真空泵蒸汽，三级关死放空，缓慢消除真空，时间不少于30min。

② 停冷凝器上水。

3. 日常检查

① 蒸汽压力检查。

② 循环水压力检查。

③ 注意检查冷凝器下水及冷后温度。

④ 检查真空系统有无泄漏。

第四节 司炉岗位

【岗位任务】

1. 负责司炉岗的日常安全生产。

2. 做到巡回检查，发现问题要及时处理，处理不了的要及时向班长汇报或及时找维修工处理。

3. 保证加热炉安全平稳运行。

【典型案例】

图1-19为常减压仿真系统常压炉DCS图。

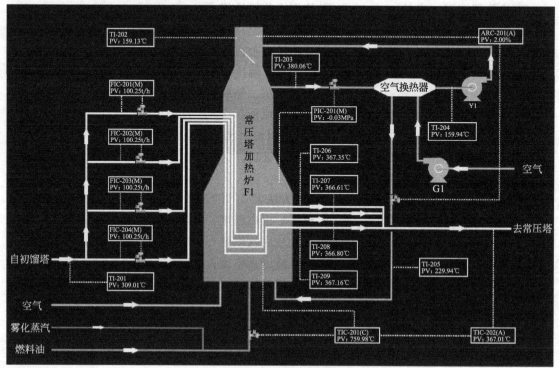

图1-19 常压炉仿真DCS图

一、常压炉系统流程

拔头油换热到310℃，分四路进入F1对流室，从对流室下来到辐射室上方出来被加热到365℃，去常压塔蒸馏；减压加热炉：常压重油355℃经P3/1、2到F2对流室下部然后到辐射室，最后从辐射室上方出来到减压塔蒸馏，减压炉对流室还分别给1.0MPa蒸汽和0.4MPa蒸汽加热，中间1.0MPa蒸汽，上下0.4MPa蒸汽，分别加热到250℃、400℃，作为加热炉烧火蒸汽、消防蒸汽、减压抽真空蒸汽及各塔吹汽。

F1、F2用的燃料油是本装置的减压渣油经换热，从E6/1、2阀前160℃经过控制阀。一路去F1做燃料；另一路去F2做燃料。炉1、2燃烧用的燃料气（高压瓦斯）是从气体分馏来到装置内，经E52/1与伴热水加热后到V12高压瓦斯罐脱油、脱水，出来后分二路，一路去F1做燃料；另一路去F2做燃料。

二、烟气余热回收系统流程

从常、减压炉排出的大约300～380℃热烟气，经过顶部烟道，进入重合烟囱的一侧下行，进入热管式空气预热器（空予2）与空气换热，烟气温度降到160℃，被引风机抽出送入重合烟囱的另一侧排空，空气经吸风道被鼓风机送到热油式空气预热器（空予1）。再进入热管式空气预热器（KY2），被预热约230℃，分别进入常、减压加热炉燃烧器供火嘴燃料燃烧用。

【工艺原理及设备】

一、加热炉作用

常减压蒸馏是在油品汽化和冷凝过程中进行的，加热炉的作用就是为油品的汽化提供热源，管式加热炉是一种火力加热设备，它利用燃料在炉膛内燃烧时产生的高温与烟气作为热源来加热炉管中高速流动的油品，使其达到工艺规定的温度，为蒸馏过程提供稳定的汽化量和热量。

 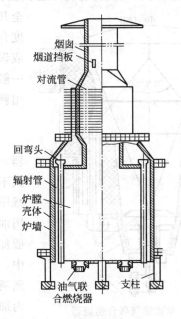

(a) 圆筒加热炉外貌图　　(b) 圆筒加热炉的结构

图1-20　圆筒加热炉

二、设备结构

常减压装置中,一般采用的炉型是立式圆筒炉和方箱炉,其中圆筒炉结构如图1-20所示,主要设备有辐射室、对流室、烟囱、燃烧器、炉管、空气预热系统等。

1. 辐射室

辐射室又称燃烧室或称炉膛,是管式加热炉的核心,位于炉体的下部,为圆柱形的筒体,其外层是由钢板卷成的圆筒体,内层是隔热层,即炉墙。隔热层主要有减少热量损失的作用,同时也保护了外层钢板及钢结构不受高温侵害。隔热层质量差或者损坏不仅热量损失大,还会导致外侧钢板变形甚至被炉内高温烧坏。

在辐射室内,沿炉墙一周是排成一圈的炉管,炉底有燃烧器呈圆形分布,加热炉供风系统的风道设置在炉底,由中心呈放射状通向每一个燃烧器。

2. 对流室

在辐射室上面的长方形是对流室,其外壁结构与辐射室相同,对流室炉管一般为水平横排。为了提高供热效率,有些对流热外壁镶有钉头或翅片,这些钉头或翅片一般只在炉管的下侧有,这主要是因为上侧采用钉头或翅头容易积灰且灰垢不易消除,反而降低了传热效率。

3. 烟囱

对流室上面是烟囱,为碳钢卷成的圆筒状。烟囱产生抽力,使炉内烟气从烟囱排出,并保持炉膛处于负压状态。烟囱抽力的大小取决于烟气与大气之间的温差,还与烟囱的高度有关。温差越大,烟囱越高,抽力就越大。由于炉内烟气温度高于外界大气温度,炉内烟气密度小于大气密度,这就形成了空气进入炉内,使炉内烟气向上流动并从烟囱排入大气的动力。随着烟气的排出,炉内产生负压,促使炉外空气进入炉内。在满足抽力前提下,烟囱还要求有足够的高度,使烟气中的有害成分在高空处扩散,降低地面有害物质浓度,达到环保要求。烟囱的根部有一蝶阀,称为烟道挡板。当烟道挡板的调节手柄与烟道方向一致时烟道全开,与烟道垂直时,烟道全关。其他位置烟道开度介于两者之间。为了防止在实际操作中自控失灵或误操作导致烟道挡板全关,威胁加热炉的安全,一般加热炉烟道挡板都有一个安全限位装置,其作用就是使烟道挡板达不到全关的状态。

4. 燃烧器

燃烧器是加热炉的重要部件,可分为气体燃烧器、液体燃烧器和油气联合燃烧器三种。按雾化方式不同分为蒸汽雾化燃烧器和机械雾化燃烧器。常减压装置由于燃料大多用重油及瓦斯,所以一般采用油气联合燃烧器。燃烧器的关键部件为喷嘴,一般加热炉采用蒸汽与油内混式喷嘴,在这种喷嘴中,燃烧油经中间油管通过,蒸汽在夹管外层通过到喷管端的混合室后喷出呈圆锥形的油雾。目前国内加热炉使用的燃烧器大多为Ⅵ型油气联合燃烧器,其结构如图1-21所示。

立式油气联合燃烧器主要特点:

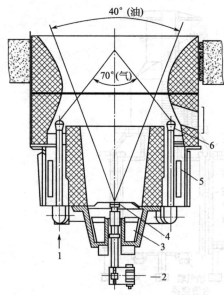

图1-21 立式油气联合燃烧器
1—燃料气;2—燃料油雾化蒸汽;3——次风门;4—油嘴;5—二次风门;6—气嘴

① 用于预热空气强制通风的燃烧系统，易于控制空气量；
② 可以油气混烧，也可以单独烧油或单独烧气，其雾化器用内混式蒸汽雾化；
③ 操作弹性大，适应性强，在鼓风系统出现故障时可改用自然通风操作。

5. 炉管

由于炉管置于高温中，管内又有油品或其他介质，会受到温度、压力和腐蚀的联合作用。因此，炉管材料应具有耐热、耐压和耐腐蚀的特殊性能。目前国内常减压装置中加热炉辐射室一般为 Cr9Mo 合金钢管，对流室为 10# 优质碳钢管。在日常生产条件下，炉膛温度一般在 500℃ 以上，因此炉管内应时刻保持有一定流量的冷物料来吸收热量，确保炉管壁温不超过耐热指标。严防炉管内物料中断和超高温、超负荷运行，以致损坏炉管，酿成事故。

整个加热炉的炉管系统还包括连接直管之间的回弯头和支持炉管的管架。回弯头把相邻两直管连通，使油品流向转弯 180°。在进出口处回弯头将炉管与物料进出管线相连。虽然回弯头处于高温区外部，但由于管内物料流向急剧改变，冲蚀严重，容易发生漏油着火。管架的作用是支撑炉管防止其受热弯曲变形。

【操作规范】

一、加热炉的正常操作

1. 炉出口温度的控制与调节

加热炉出口温度高低，直接影响进塔油料的汽化量和带入热量，相应地塔顶和侧线温度都要变化，产品质量也随之改变。一般控制加热炉出口温度和流量恒定。此系统中控制常压炉 F1 出口温度 (367 ± 3)℃。

炉出口温度的影响因素主要有：加热炉进料量变化，炉进料性质变化，燃料油性质变化，加热炉进料温度变化，燃料油系统故障，瓦斯带油或燃料油温度变化，雾化蒸汽压力波动，人为调节幅度过大，热电偶、控制阀或仪表失灵，引风机发生故障，外界温度变化，风道蝶阀调节不当，管结焦造成炉出口温度波动，瓦斯压力或燃料油压力波动等，在操作过程中应根据不同的影响因素采取不同的措施进行调节，要做到分析判断准确，处理及时。

2. 炉膛温度控制

炉膛温度≤800℃，各点温差≤30℃，采用多嘴短焰齐火苗的操作，使炉膛达到明亮。火焰呈金黄色，烧瓦斯时火焰呈蓝色为佳。火焰不得过大扑烧炉管。主要影响因素有：各火嘴火焰长短不均、火嘴偏、火嘴结焦、炉管破裂、燃料油或瓦斯进炉压力波动、引风机故障、热电偶位置和插入深度不同、风向影响等，也要根据具体情况采取不同措施。

3. 火焰调节方法

① 燃料油多，雾化蒸汽少，雾化不良，火焰发软，炉膛发暗。此时可加大雾化蒸汽量，调节火焰适当。

② 燃料油少，蒸汽多，火焰白易缩火，减少蒸汽量。

③ 燃料油与蒸汽都多，火焰过大直扑炉管，炉膛温度升高。

④ 燃料油和雾化蒸汽带水，火焰冒火星易缩火。及时切换燃料油，蒸汽切水。

⑤ 燃料油温度低黏度大，雾化不良，易造成缩火。切换燃料油。

⑥ 引风机供风过大造成缩火。调节风道蝶阀。

⑦ 烟道档板开度不够，或火嘴一，二次风门开度不够，烟道抽力不够，会发生燃烧不完全，入炉空气少，炉膛发暗，火焰是暗红色，入炉空气太多，炉膛无色，炉管易氧化掉皮。

二、开炉点火

1. 开炉前的准备与检查

① 检查炉本体和燃烧器及辅助设备，保证炉膛、烟道、风道等清洁无杂物，各种仪表测量、控制装置、阀门等部分处于良好备用状态。

② 炉管试压，检查炉管、焊缝、法兰、热电偶等无泄漏。

③ 试运行鼓风机、引风机，保证正常运转。

④ 瓦斯管线用蒸汽试压，检查阀门、风门、火嘴等是否好用，关闭瓦斯阀，调节好风门。

⑤ 关闭加热炉人孔、防爆门、看火孔等，装好瓦斯阻火器。

⑥ 调好烟道挡板开度，约 1/3~2/3 左右；搞好炉区卫生，消防蒸汽处于备用状态。

⑦ 引瓦斯至放空，启用瓦斯加热器及伴热，并加强瓦斯罐脱水排凝，经采样分析系统氧含量合格（<0.5%），处于备用状态，关闭瓦斯放空阀。

⑧ 炉管内投入循环介质（蜡油或蒸汽）。

⑨ 准备好点火枪或火源。

2. 点火步骤

① 将高压瓦斯引进装置作为长明灯燃料气。

② 关闭加热炉看火窗、防爆门，两炉烟道挡板开至三分之一开度。

③ 将加热炉过热蒸汽的掩护蒸汽引入，并从出口放空。

④ 调好一、二次风门开度，先向炉膛内用火嘴吹汽 10~15min，然后关闭。

⑤ 将长明灯抽出点燃，燃烧良好，插入火嘴固定好。

⑥ 长明灯兼作点火把，先点瓦斯，后点油，稍开一点汽阀，后开油阀，点燃油火后，缓慢细微调节汽油比，使油充分雾化完全燃烧，各炉各先点一个油火，然后逐渐增加。

⑦ 如因炉膛潮湿，突然熄灭，应关闭油嘴，向炉膛吹汽 10min，再点火嘴。

3. 注意事项

① 点火操作不得正视火嘴与看火窗，以免回火伤人。

② 将点火把放在油嘴上，点火人必须退出炉底后才开油（瓦斯）阀门点火。

③ 炉墙若没有检修，则炉出口 40℃/h 的速度升温，若炉墙有局部修补或停工时间过长或者在潮湿时开工，炉出口温度按 30℃/h 的速度升温，炉膛升温不大于 70℃/h，过快时适当降慢升温速度。

④ 正常下按升温曲线升温（见图 1-22）。

⑤ 司炉工在点火后，必须观察一段时间才能离开，以防火嘴缩火或漏油，并逐步调整做到多嘴，齐火苗，确保工艺指标的实现。

三、正常停炉

① 在降温、降量前，各炉保证炉出口温度不变。

② 降温降量后 F101、F102 均以 40℃/h 的速度降温，F102 出口温度降至 350℃时，减压破坏真空。

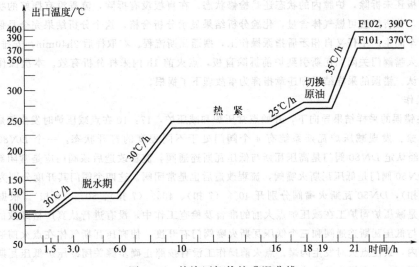

图 1-22 某炼厂加热炉升温曲线

③ 常减压岗位关闭侧线后,过热蒸汽从炉出口改放空。
④ F101 降温到 280℃ 即可熄火,F102 降温至 320℃ 后停炉熄火。
⑤ 降温过程中应先灭油火,随时扫线,降温完毕油火要全部灭掉。
⑥ 当炉膛温度降至 200℃,全开烟道挡板、人孔、防爆门,通风冷却。

四、紧急停炉

① 熄灭炉火,燃料油改循环,停运引风机。
② 切断(辐射)进料。
③ 向炉膛或炉管大量吹汽,过热蒸汽出口放空。
④ 通知调度与车间与消防队联系。

事故案例

2003 年 9 月 12 日,锦州石化公司 300 万 t/a 常减压装置检修后进行开车,17:10 在减压炉点火时,发生闪爆事故。事故造成 3 人死亡、1 人重伤、5 人轻伤的严重后果,同时造成炉壁及框架严重损坏,减压炉整体损毁报废;事故直接经济损失 45 万元。

一、事故经过

2003 年 8 月 25 日 300 万 t/a 常减压装置开始常规检修。9 月 11 日 8:00 检修完毕交生产开车。

9 月 11 日 8:00 至 17:00 装置进行吹扫试压,17:00 停汽,拆除油品出入装置盲板,为开工做准备。20:00 抽出燃料油、高压瓦斯盲板。

9 月 12 日 8:30 引柴油循环,脱水考验仪表;14:00 加热炉准备点火。司炉工雷志刚受车间生产主任李忠岭指派找安全员崔宝先联系中心化验室取样分析常压炉和减压炉可燃气,结果显示分析合格。16:00 引原油循环。16:30 车间生产主任李忠岭安排司炉工张利群、雷志刚、王健做点炉准备及点炉前的最后检查,安排班长潘建忠带人投瓦斯系统,准备点火。16:55 完成常压炉点火后,司炉工王健直接去减压炉一层平台做开阀准备,雷志刚进入炉底点减压炉 9# 火嘴时,减压炉发生闪爆。

二、事故原因分析

1. 违章指挥

9 月 12 日 14:00,车间生产主任在不清楚流程的情况下,没有经过现场检查,误认为加热炉瓦斯系统流程已经摆好,就指派安全员联系中心化验室取样分析常压炉和减压炉可燃气。实际上减压炉瓦斯流程并没有摆好，盲板还未拆除，炉膛内的状态还是检修状态。在盲板没有拆除，流程没有摆好的状态下要求化验室取炉膛气，分析炉膛可燃气体含量，化验分析结果显示分析合格，这个分析结果完全是假象。在取完炉膛气样后，车间生产主任又自相矛盾指派操作工，摆通瓦斯流程。在取样后2h40min，安排操作工点炉。按规定：确认火嘴阀门关闭，瓦斯引到炉前拆除盲板，点火前1h内采样分析有效。本次操作超出规定时间，又无人确认。错误的采样结果和违章指挥为事故埋下了祸根。

2. 违章操作

16：55在错误的采样结果导向下，开始点常压炉和减压炉，17：10在点减压炉时发生闪爆。事故发生后通过现场勘察：发现减压炉瓦斯系统有4个阀门处于不同程度的打开状态，一个$DN80$阀门，3个$DN50$阀门，经认定$DN80$阀门是高压瓦斯与低压瓦斯连通阀，流程改造后该阀门应是常闭阀，应用盲板盲死，三个$DN50$阀门是低压瓦斯火嘴阀，流程改造后也是常闭阀。这四个阀门其开度分别为$DN80$连通阀开10%（6扣），$DN50$瓦斯火嘴阀分别开40%（7扣）、40%（7扣）、50%（8扣）。根据现场情况分析，此次事故是减压炉司炉工在减压炉点火前的准备及检查工作中，没有进行认真严格细致的检查，没有查出高压瓦斯与低压瓦斯连通阀和三个低压瓦斯火嘴阀门有开度，使高压瓦斯气体在点火前通过低压瓦斯管线串入炉膛内，致使点火时发生闪爆。点火前操作工没有按照正确步骤关闭减压炉低压瓦斯火嘴阀门和高低压瓦斯连通阀。违章操作是造成这起事故的直接原因。

3. 工作过程没有监督

根据新版操作规程要求，司炉工在变好瓦斯流程、检查无问题后，应该打开直通和入空气预热器档板、开鼓风机、引风机，控制好炉膛负压，蒸汽脱水后，吹扫炉膛、火嘴，10min后关闭。但事故后调查时发现，减压炉引风机未开，鼓风机未开。这一重要的操作步骤漏项，却没有人监督，致使炉膛内瓦斯气没有及时排空是导致事故发生的主要原因。

4. 盲板管理没有确认

事故调查中发现，车间开工方案中没有开工盲板表，而是比照停工方案盲板表进行抽插盲板。盲板的抽插工作全部由盲板负责人一个人负责，盲板负责人8月26日抽高低压瓦斯连通阀盲板进行减压炉烧焦后，在开工前忘记恢复插上该盲板。按照车间开工扫线分工表要求，由一名班长和一名司炉工负责高压瓦斯和低压瓦斯扫线、贯通、试压工作，但实际操作中两人工作不负责任、粗心大意，扫线、贯通、试压不彻底，没能发现高低压瓦斯连通阀有开度，在前面几道关口没有把住的情况下，让事故隐患畅通无阻地变为灾难性的现实。

首先"9·12"事故是一起严重违章指挥违章操作造成的亡人事故，操作人员工作不认真、不仔细，疏忽大意，技术不熟练，点火前没有认真检查瓦斯流程；其次，遗漏步骤，未按规程要求打开引风机、鼓风机，点火前对工艺流程阀门开关不检查、不确认，没有检查出三个低压瓦斯火嘴控制阀和高、低压瓦斯连通阀有开度，使高压瓦斯串入炉膛内，违章点火操作；第三，车间没有对操作员在开工过程中的操作步骤进行有效的监督和控制；第四，车间安排炉膛采样分析程序不对，没按规程规定的程序进行，没能及时避免事故发生；第五，车间工艺员工作不负责任，漏插盲板。因此，这是一起严重违章而造成的责任事故。

三、事故教训

"9·12"事故造成三死六伤的严重后果，给企业造成了严重的负面影响，给伤亡员工和家属造成了巨大的创伤，面对三死六伤这沉重的代价，我们要从以下六个方面吸取深刻的教训。

（1）从公司到车间的各级领导干部"以人为本，安全第一"的思想树的不牢，安全意识不强，工作作风不扎实，管理方式粗放，规章制度不健全，责任制不落实。"9·12"事故虽然发生在车间，表现在操作层面；究其根源在于领导，实质是管理问题。此次事故暴露了公司及生产车间对主要装置开工和减压炉点火等重大生产操作缺乏严密组织和严格管理。装置开停工管理职责不清，领导干部疏于管理，甚至装置点炉这样的操作都不到现场督促检查安全防范工作是否落实。至此，由不负责任的领导、粗心随意的员工、漏洞百出的管理、形同虚设的制度最终酿成了这起重大事故。

（2）对于装置生产运行，特别是开停工操作，从制度体系、变更操作、工艺纪律、员工行为、现场监督等方面缺乏严格的管理和控制。"9·12"事故的发生在于违章指挥、管理失控，暴露出生产车间现场操作纪律松弛，规章制度不完善，执行有漏洞，随意颠倒变更工作程序，导致了事故的发生。生产车间安全生产责任制不落实。装置开停工的工艺规程、操作步骤和安全防范等方面都有较严格的规定，如果管理到位、执行到位，事故是完全可以避免的，但由于安全生产只是停留在口号上，抓落实不够，没有把严格执行规章制度变成行动，工作存在着制度执行不严不细，一些安全生产流程在执行中被人为简化和漏项，有章不循，有法不依，养成了习惯性违章的恶习，安全管理逐级弱化。这一员工用鲜血和生命为代价换来的沉痛教训，特别是结合目前股份公司推行的"四有一卡"操作法，以新旧两版操作规程对比分析，应使我们对事故的根源有了更深刻的认识。在"9·12"事故中"四有一卡"操作法的"四有"、"一有"也没有。采样分析虽然有指令，却是错误指令，相当于没有指令；点炉操作虽然有规程，但非常笼统、粗糙，不便执行；司炉工引瓦斯点炉操作没有确认；开工过程没有监控；员工岗位操作没有操作程序卡。"9·12"事故反映出在生产装置操作中没有组织上、管理上、人员上的监控，缺乏操作确认环节，导致生产操作处于不受控状态，埋下了生产操作环节重大的安全隐患。

（3）变更管理不到位。变更管理包括指令变更、工艺变更、设备变更、人员变更。此次装置开工，生产工艺做了变更，减压炉燃料系统增加了高压瓦斯火嘴。工艺变动后，车间缺乏足够的认识，没有认真组织员工熟悉开工方案和流程，没有针对变更内容向操作员工进行交底，没有针对变更内容组织员工培训，操作随意提前，再加上管理混乱，导致了操作人员没有按工艺技术要求和步骤落实开工方案，随意操作。

（4）操作规程制定不科学，可操作性不强。原操作规程第3.3.1条中规定了加热炉点火的相关要求，如"全面检查炉管、吊挂、回弯头、防爆门、火嘴、烟道挡板、压力表、热电偶、阀门、风机、预热器等良好，全部阀门关闭"等。规定得相当笼统，部位不准确，没有顺序概念，更没有确认要求，只有熟悉流程的员工才能操作，不熟悉的就容易出现失误或粗心大意出现漏项。操作步骤不细、责任不明确，缺乏程序性、量化的硬性规定，没有明确取样后多少时间必须点炉。导致规定动作不明确、不细致、不到位，可操作性不强。

（5）员工操作培训不到位。"9·12"事故暴露出我们的岗位操作技能培训存在严重问题，没有真正做到"干什么学什么、干什么会什么"；没有做到应知应会百分之百掌握。车间所指派负责点炉的两名司炉工在上岗考试中一名61分，另一名是63分，刚刚及格，反映出我们的培训考核不严格，致使在操作时不熟练、基本功不扎实。

（6）开工过程管理不到位。边开工边进行工程收尾，交叉作业。装置开工点火操作规程明确规定，点火前应及时清理疏散与点火操作无关人员远离现场。但9月12日点火时车间没有按规定认真巡查，组织无关人员的疏散，仍有存续公司工程系统的三名工人在减压炉进行维修换阀作业，实华工程队三名外委施工人员在距减压炉15m处进行土建作业，致使减压炉闪爆时，上述六人中一死五伤，增加了意外伤亡人数，造成事故事态扩大。

（石油化工案例，风险管理世界网）

技能提升　常减压蒸馏装置仿真操作

一、训练目标

1. 熟悉常减压蒸馏装置的工艺流程及相关流量、压力、温度等控制方法。

2. 掌握常减压蒸馏装置开车前的准备工作、冷态开车及正常停车的步骤和常见事故的处理方法。

二、训练准备

1. 仔细阅读《常减压装置仿真实训系统操作说明书》，熟悉工艺流程及操作规范。

2. 熟悉仿真软件中各个流程画面符号的含义及操作方法；熟悉软件中控制组画面、手操组画面的内容及调节方法。

三、训练项目

1. 冷态开工操作

①开工具备条件的验证；②开工前的准备；③装油；④热循环；⑤常压系统转入正常生产；⑥减压系统转入正常生产；⑦投用"一脱三注"。

2. 正常停工操作

①降量；②装置打循环及加热炉熄火。

3. 紧急停车操作

4. 事故处理操作

①原油中断；②供电中断；③循环水中断；④供汽中断；⑤净化风中断；⑥加热炉着火；⑦常压塔底泵停；⑧阀卡10%；⑨换热器故障；⑩闪蒸塔底泵抽空；⑪减压炉熄火；⑫抽真空泵故障；⑬低压闪电；⑭高压闪电；⑮原油含水。

思考训练

1. 在原油精馏中，为什么采用复合塔代替多塔系统？
2. 绘出典型的三段常减压工艺流程图，并简述流程。
3. 试分析减压真空度低的原因及相应的处理方法。
4. 原油精馏塔底为什么要吹入过热水蒸气？它有何作用及局限性？
5. 回流的作用是什么？炼油厂常用的回流有几种？
6. 中段循环回流有何作用？为什么在油品分馏塔上经常采用，而在一般化工厂精馏塔上并不使用？
7. 减压塔的真空系统是怎样产生的？
8. 原油常减压蒸馏中采用初馏塔的原因是什么？设置初馏塔有什么优缺点？初馏塔是否都需要开侧线？为什么？
9. 减压塔有何特征？
10. 简述原油中所含盐的种类、存在形式及含盐对原油炼制加工和产品质量所带来的危害性。
11. 原油在脱盐之前为什么要先注水？脱后原油的含水、含盐指标应达到多少？
12. 常压塔、减压塔有何工艺特征？

第二章 催化裂化装置岗位群

工艺简介

原油经过一次加工（即常减压）后只能得到10%～40%汽油、煤油及柴油等轻质产品，其余的是重质馏分和残渣油，而且某些轻质油品的质量也不高，例如直馏汽油的马达法辛烷值一般只有40～60。随着工业的发展、内燃机不断改进，人们对轻质油品的数量和质量提出了更高的要求。这种供求矛盾促使炼油工业向原油二次加工方向发展，可进一步提高原油的加工深度，得到更多的轻质油产品，增加产品的品种，提高产品的质量。而催化裂化是炼油工业中最重要的一种二次加工过程，是重油轻质化的重要手段，在炼油工业中占有重要的地位。

催化裂化是指原料油在适宜的温度、压力和催化剂存在的条件下，进行分解、异构化、氢转移、芳构化、缩合等一系列化学反应，转化成气体、汽油、柴油等主要产品及油浆、焦炭的生产过程（见图 2-1）。催化裂化的原料油来源广泛，主要是常减压的馏分油、常压渣油、减压渣油及丙烷脱沥青油、蜡膏、蜡下油等。随着石油资源的短缺和原油的日趋变重，重油的催化裂化有了较快的发展，处理的原料可以是全常渣甚至是全减渣。在硫含量较高时，则需用加氢脱硫装置进行预处理后，提供催化原料。催化裂化过程具有轻质油收率高、汽油辛烷值较高、气体产品中烯烃含量高等特点。反应产物的产率与原料性质、反应条件及催化剂性能有密切的关系。在一般工业条件下，气体产率为10%～20%，其中主要是C_3、C_4，其中的烯烃含量可达50%左右；汽油产率为30%～60%，其研究法辛烷值约80～90，安定性也较好；柴油产率为0～40%，由于含有较多的芳香烃，其十六烷值较直馏柴油低，由重油催化裂化得到的柴油十六烷值更低，其安定性也较差；焦炭产率为5%～7%，原料中掺入渣油时的焦炭产率则更高，可达8%～10%，它沉积在催化剂表面，只能用空气烧去而不能作为产品。

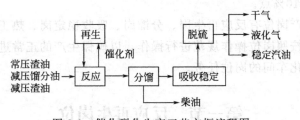

图 2-1 催化裂化生产工艺方框流程图

图 2-2 为重油催化裂化工艺原则流程图。新鲜原料（减压馏分油）与回炼油进入加热炉预热至300～380℃（温度过高会发生热裂解），借助于雾化水蒸气，由原料油喷嘴以雾化状态喷入提升管反应器下部（回炼油浆不经加热直接进入提升管），与来自再生器的温度高达650～700℃的催化剂接触后立即汽化，油气与雾化蒸气和预提升水蒸气以7～8m/s的速度携带催化剂沿提升管向上流动，同时进行化学反应。在470～510℃的温度下，停留3～4s，

以 13～20m/s 的高速度通过提升管出口,经过快速分离器,大部分催化剂被分出落入沉降器下部。油气和蒸气混合在一起的气体携带少量催化剂经两级旋风分离器分出夹带的催化剂后进入集气室,通过沉降器顶部出口进入分馏系统。

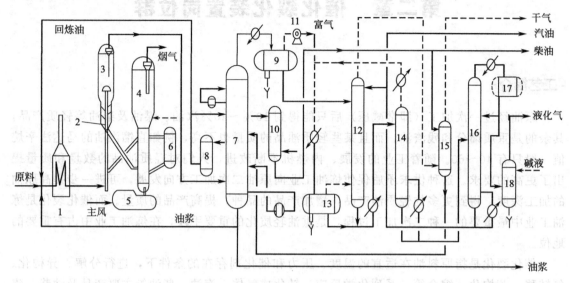

图 2-2　重油催化裂化工艺原则流程图

1—原料加热炉;2—提升管反应器;3—沉降器;4—再生器;5—辅助燃烧室;6—外取热器;7—分馏塔;8—回流油罐;9—油气分离器;10—柴油汽提塔;11—气压机;12—吸收塔;13—气压机出口油气分离器;14—解吸塔;15—再吸收塔;16—稳定塔;17—稳定塔回流罐;18—液化气碱洗罐

沉降器顶部出来的高温反应油气进入催化分馏塔下部,经装有人字挡板的脱过热段后进入分馏段分馏。富气经压缩后去吸收稳定系统的凝缩油罐,粗汽油进吸收塔上部;轻柴油汽提冷却后送出装置,重柴油直接送出装置;油浆一部分回炼,一部分回分馏塔,一部分送出装置作自用燃料。

从分馏塔顶油气分离器出来的富气中带有汽油组分,而粗汽油中又溶有 C_3、C_4 甚至 C_2 组分,吸收稳定系统的作用是利用各组分之间在液体中溶解度不同将富气和粗汽油分离成干气、液化气、稳定汽油,控制好干气中的 $\geqslant C_3$ 组分含量、液化气中的 C_2 以下和 C_5 以上组分含量、稳定汽油的 10% 点。

催化裂化车间生产岗位有反应再生岗、分馏岗、吸收稳定岗、热工岗、锅炉岗等,在生产中各岗位必须严格按照岗位操作规范进行操作,以确保生产的正常进行。以主要的几种岗位为例,介绍催化裂化车间的岗位任务。

第一节　反应再生岗位

【岗位任务】

1. 在安全平稳的前提下取得最高的产品收率和最好的产品质量是反应再生岗位操作的核心。
2. 根据原料种类、催化剂性质、生产方案选择合适的操作参数。着重控制好物料、热量、压力三大平衡,保持两器流化通畅,精心调节,严格遵守巡回检查制度,发现异常现象及时联系处理，避免各类事故的发生。

3. 优化再生条件提高烧焦强度，保持再生催化剂活性，控制适当的反应深度，精心调节，提高目的产品收率，降低能耗。

4. 将反应后的油气送至分馏塔，再生烟气送至烟机和余热锅炉。

5. 负责本岗位常压系统工艺设备、管线、本岗位负责的仪表控制阀的操作及检查。

【典型案例】

图 2-3 为催化裂化仿真系统反应再生系统 DCS 图。装置用的混合蜡油和减压渣油由泵 P201 抽进装置原料油罐，经原料油泵 P202/1、2 升压后，与油浆换热至 220℃ 左右后，经混合器后从原料油雾化喷嘴进入提升管反应器反应，与经干气预提升的 660℃ 左右的高温催化剂接触汽化并发生反应，反应油气经粗旋风分离器进行气剂粗分离，分离出的油气经单级旋风分离器进一步脱除催化剂细粉后经大油气管线至分馏塔底部，分馏塔底油浆固体含量一般控制≤6g/L。分离出的待生催化剂经沉降器汽提段汽提后，经待生催化剂滑阀至再生器进行催化剂再生。

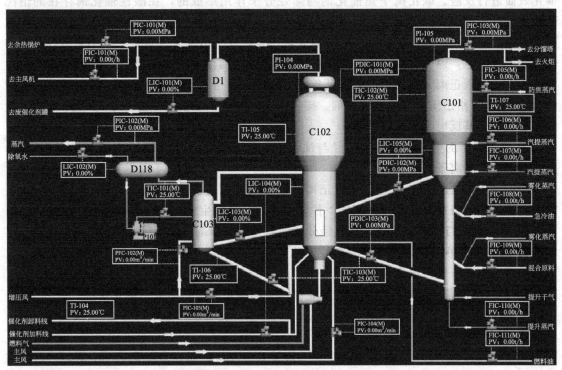

图 2-3 反应再生系统仿真 DCS 图

待生催化剂在主风的作用下进行湍流烧焦，催化剂在 680℃、贫氧的条件下进行不完全再生。烧掉绝大部分的焦炭，烧碳的多少视进料轻重的不同而异，碳的燃烧量和再生温度由进入再生器的风量控制，以便获得灵活的操作条件。烧焦产生的烟气，先经旋风分离器分离出其中携带的催化剂，再经三级旋风分离器进一步分离催化剂后，进入烟气轮机膨胀作功，驱动主风机组。烟气出烟气轮机后进入余热锅炉部分，燃烧掉其中 CO_2 后，进一步回收烟气的余热后经烟囱排入大气。

再生器压力控制在 0.21MPa（表），温度控制在 660～710℃。烧焦后的再生催化剂经再生斜管至提升管预提升段。在提升管预提升段，以干气作为提升介质，完成再生催化剂加速、整流过程，然后与雾化原料接触反应。

为维持两器的热平衡，增加操作的灵活性，在再生器处设置了可调节取热量的外取热器。由再生器床层引出的高温催化剂流入外取热器自上向下流动，取热管浸没在流化床内，管内走水。取热器底部通入流化空气，以维持良好的流化，维持流化床催化剂对直立浸没管的良好传热。经换热后的催化剂温降在200℃左右，通过外取热器下滑阀流入再生器底部。

【工艺原理及设备】

一、催化裂化反应

（一）催化裂化反应原理

催化裂化反应可以用碳正离子反应机理解释，碳正离子是指表面缺少一对价电子的碳原子形成的烃离子，其形式如 $R:\overset{H}{\underset{H}{C^+}}$、$R:\overset{R'}{\underset{R''}{C^+}}$，这些碳正离子不能自由存在，它只能吸附在催化表面进行反应。碳正离子是催化剂与烯烃分子作用形成的，在酸性催化剂存在的情况下，生成碳正离子所需的能量比热裂解生成自由基要小得多（而在无催化剂条件，热裂解过程是气相热反应，此时生成碳正离子所需能量比裂解成自由基又大得多，其结果是烃分子均匀断裂成自由基，遵循自由基反应机理），此时催化剂活性中心给出质子，使烯烃质子化生成碳正离子。碳正离子开始形成必须具备两个条件，一是要有烯烃（来源于原料或热裂解产物），二是要有给出质子的酸性催化剂。碳正离子形成后，会发生一连串平行-顺序反应，反应过程复杂，其反应主要特点如下：

① 碳正离子的生成可以通过烯烃与质子反应结合生成；小的碳正离子与烯烃再结合，生成较大的正碳离子。

② 碳正离子能自动异构化。伯碳正离子能自动转化为仲碳，仲碳正离子转化为叔碳正离子，碳正离子稳定性顺序为：叔碳＞仲碳＞伯碳，最后生成异构化烃类。

③ 碳正离子与烃分子相遇，夺取烃分子的氢，生成新的碳正离子，形成链反应。

④ 碳正离子可以失去质子生成烯烃，此质子交还给催化剂酸性中心或给其他烯烃，生成新的碳正离子，自己成为烯烃产物。

⑤ 大的碳正离子分解，生成一个烯烃和一个小碳正离子，即进行裂化反应。

⑥ 碳正离子自身反应，发生环化反应。

（二）催化裂化的化学反应种类

催化裂化过程中的化学反应并不是单一烃类裂化反应，而是多种化学反应同时进行。在催化裂化条件下，各种化学反应的快慢、多少和难易程度都不同。主要化学反应如下。

1. 裂化反应

裂化反应是催化裂化主要反应，它的反应速率比较快，同类烃分子量越大，反应速率越快；烯烃比烷烃更易裂化；环烷烃裂化时，既能脱掉侧链，也能开环生成烯烃；芳烃环很稳定，单环芳烃不能脱甲基，只有三个碳以上侧链才容易脱掉。

2. 异构化反应

异构化反应是催化裂化的重要反应，它是在分子量大小不变的情况下，烃类分子发生结构和空间位置的变化。异构化反应可使催化裂化产品含有较多的异构烃，汽油异构烃含量高，辛烷值高。

3. 氢转移反应

氢转移反应即某一烃分子上的氢脱下来,加到另一个烯烃分子上,使这一烯烃分子得到饱和的反应。氢转移是催化裂化独有的反应,反应速率比较快,带侧链的环烷烃是氢的主要来源。氢转移不同于一般的氢分子参加的脱氢和加氢反应,它是活泼的氢原子从一个烃分子转移到另一个烃分子上去,使烯烃饱和,二烯烃变成单烯烃或饱和烃,环烷烃变成环烯烃进而变成芳烃,使产品安定性变好。氢转移的反应结果是一方面某些烯烃转换成烷烃,另一方面给出氢的化合物转化为芳烃和缩合成更大的分子甚至结焦,使生焦率提高。

氢转移反应是放热反应,需要高活性催化剂和低反应温度来获得较高反应速率。

4. 芳构化反应

芳构化反应是烷烃、烯烃环化生成环烷烃及环烯烃,然后进一步进行氢转移反应,放出氢原子,最后生成芳烃的反应过程。芳构化是催化裂化的重要反应之一,由于芳构化反应,催化汽油、柴油含芳烃量较多,也是催化汽油辛烷值较热裂解汽油辛烷值高的一个重要原因。

5. 叠合反应

叠合反应是在烯烃与烯烃之间进行的,其反应结果是生成大分子烯烃。

6. 烷基化反应

烯烃与芳烃的加合反应叫烷基化反应。

叠合反应和烷基化反应,在正常催化裂化操作条件下(500℃,常压),这两个反应比例不大。

(三) 各类单体烃的催化裂化反应规律

1. 烷烃

主要是发生裂化反应,分解成较小分子的烷烃和烯烃,生成的烷烃可以继续分解成更小的分子。例如:

$$C_{16}H_{34} \longrightarrow C_8H_{16} + C_8H_{18}$$

烷烃裂化时多从中间的 C—C 键处断裂,而且分子越大越易断裂,异构烷烃的反应速率又比正构烷烃快。

2. 烯烃

(1) 分解反应 裂化反应分解为两个较小分子的烯烃。烯烃的裂化反应速率比烷烃的大的多,大分子烯烃的裂化反应速率比小分子快,异构烯烃的裂化速率比正常烯烃快。例如:

$$C_{16}H_{32} \longrightarrow C_8H_{16} + C_8H_{16}$$

(2) 异构化反应 烯烃的异构化反应有两种:一种是分子骨架结构的改变,正构烯烃变成异构烯烃;另一种是分子的双键向中间位置转移。例如:

$$CH_3-CH_2-CH_2-CH_2-CH=CH_2 \longrightarrow CH_3-CH_2-CH=CH-CH_2-CH_3 \text{(双键异构)}$$

$$CH_3-CH_2-CH=CH_2 \longrightarrow CH_3-\underset{\underset{CH_3}{|}}{C}=CH_2 \text{(骨架异构)}$$

(3) 氢转移反应 环烷烃或环烷-芳香烃放出氢,使烯烃饱和而自身逐渐变成稠环芳烃,或烯烃之间发生氢转移,这类反应的结果是:一方面某些烯烃转化为烷烃,另一方面给出氢的化合物转化为芳烃或综合成更大的分子。氢转移反应速率较低,需要活性较高的催化剂上,反应温度高对氢转移不利。

(4) 芳构化反应 烯烃环化并进一步脱氢成为芳香烃。例如:

$$CH_3-CH_2-CH_2-CH_2-CH=CH-CH_3 \longrightarrow \underset{\text{环}}{\bigcirc}-CH_3 \longrightarrow \underset{\text{苯}}{\bigcirc}-CH_3 + 3H_2$$

3. 环烷烃

环烷烃的环可断裂生成烯烃，烯烃再继续进行上述各项反应。环烷烃带有长侧链，则侧链本身会发生断裂生成环烷烃和烯烃；环烷烃可以通过氢转移反应转化为芳烃；带侧链的五元环烷烃可以异构化成六元环烷烃，并进一步脱氢生成芳烃。例如：

$$\underset{}{\bigcirc}-CH_2-CH_2-CH_3 \longrightarrow CH_3-CH_2-CH_2-CH_2-CH=CH-CH_3$$

$$\underset{}{\bigcirc}-CH_3 \longrightarrow \underset{}{\bigcirc} \longrightarrow \underset{}{\bigcirc} + 3H_2$$

4. 芳烃

多环芳烃的裂化反应速率很低，他们的主要反应是缩合稠环芳烃，甚至生成焦炭，同时放出氢使烯烃饱和。

（四）石油馏分的催化裂化反应特点

1. 各烃类之间的竞争吸附和反应的阻滞作用

石油馏分的催化裂化反应是一个气-固相的非均相催化反应，在反应器中，原料和产品是气相，而催化剂是固相，因此在催化剂表面进行裂化反应时，包括以下七个步骤。

① 原料油分子由主气流扩散到催化剂表面。
② 原料油分子沿催化剂微孔向催化剂的内部扩散。
③ 油气分子被催化剂内表面所吸附。
④ 油气分子在催化剂内表面进行化学反应。
⑤ 反应产物分子自催化剂内表面脱附。
⑥ 反应产物分子沿催化剂微孔向外扩散。
⑦ 反应产物分子扩散到主气流中去。

反应物进行催化裂化的先决条件是原料油气扩散到催化剂表面上，并被其吸附，才可能进行反应。所有的催化裂化反应的总速率是由吸附速率和反应速率共同决定的。

不同烃分子在催化剂表面上的吸附能力不同。大量实验证明，对于碳原子数相同的各族烃，吸附能力的大小顺序为：

稠环芳烃＞稠环烷烃＞烯烃＞单烷基单环芳烃＞单环环烷烃＞烷烃

同族烃分子，分子量越大越容易被吸附。

如果按化学反应速率的高低进行排列，则情况大致如下：

烯烃＞大分子单烷基侧链的单环芳烃＞异构烷烃和环烷烃＞小分子单烷基侧链的单环芳烃＞正构烷烃＞稠环芳烃

综合上述两个排列顺序可知，石油馏分中的芳烃虽然吸附能力强，但反应能力弱，它首先吸附在催化剂表面上占据了相当的表面积，阻碍了其他烃类的吸附和反应，使整个石油馏分的反应速率变慢。对于烷烃，虽然反应速率快，但吸附能力弱，从而对原料反应的总效应不利。从而可得出结论：环烷烃有一定的吸附能力，又具有适宜的反应速率，因此可以认为，富含环烷烃的石油馏分应是催化裂化的理想原料，然而，实际生产中，这类原料并不多见。

2. 石油馏分的催化裂化反应是复杂的平行-顺序反应

实验表明，石油馏分进行催化裂化反应时，原料向几个方向进行反应，中间产物又可继续反应，从反应工程观点来看，这种反应属于平行-顺序反应。原料油可直接裂化为汽油或气体，属于一次反应，汽油又可进一步裂化生成气体，这就是二次反应。如图2-4所示，平行-顺序反应的一个重要特点是反应深度对产品产率分布有重大影响。如图2-5所示，随着反应时间的增长，转化率提高，气体和焦炭产率一直增加，而汽油产率开始增加，经过一最高点后又下降。这是因为到一定反应深度后，汽油分解为气体的速率超过了汽油的生成速率，亦即二次反应速率超过了一次反应速率。催化裂化的二次反应是多种多样的，有些二次反应是有利的，有些则不利。例如，烯烃和环烷烃氢转移生成稳定的烷烃和芳烃是我们所希望的，中间馏分缩合生成焦炭则是不希望的。因此在催化裂化工业生产中，对二次反应进行有效的控制是必要的。另外，要根据原料的特点选择合适的转化率，这一转化率应选择在汽油产率最高点附近。如果希望有更多的原料转化成产品，则应将反应产物中的沸程与原料油沸程相似的馏分与新鲜原料混合，重新返回反应器进一步反应。这里所说的沸点范围与原料相当的那一部分馏分，工业上称为回炼油或循环油。

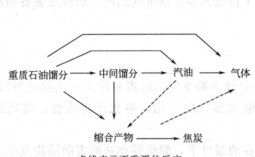

图 2-4 石油馏分的催化裂化反应
虚线表示不重要的反应

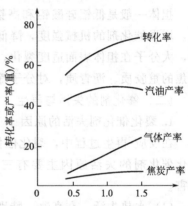

图 2-5 某馏分催化裂化
转化率＝气体、汽油、焦炭产率之和

二、催化裂化催化剂

(一) 催化剂组成

现在炼厂多用的催化裂化催化剂属于固体强酸催化剂，主要由分子筛、担体、黏结剂构成，主要成分为氧化铝、氧化硅及稀土、磷等改性元素。其中分子筛是催化剂强酸中心的主要来源。

分子筛是具有晶格结构的硅酸铝盐，也称沸石，具有很大的内表面。新鲜分子筛的比表面 $600 \sim 800 m^2/g$。它具有稳定的、均一的微孔结构，孔径大小为分子大小数量级（见图2-6和图2-7）。分子筛在催化剂与原料分子接触过程中向原料分子提供强酸中心，

图 2-6 催化剂形貌

催化剂酸性中心向不饱和烃提供质子或自饱和烃抽取负氢离子，并使原料分子形成正碳离子，然后正碳离子按其机理在催化剂表面进一步发生裂化、异构化、氢转移、环化等一系列复杂化学反应，最终将原料转化为所需的各类产品。

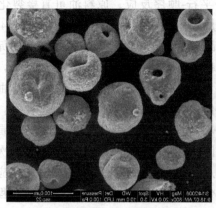 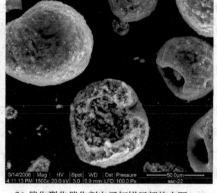

(a) 催化裂化催化剂电子扫描图　　(b) 催化裂化催化剂电子扫描局部放大图

图 2-7　用于结构研究的通用高分辨率环境扫描电子显微镜下催化剂照片

担体一般是低铝硅酸铝和高铝硅酸铝，可以提高分子筛的稳定性，还有储存和传递热量，增强催化剂的机械强度，降低催化剂成本等作用。对于重油催化裂化，担体作用更为重要，大分子在担体表面适度裂化，生成的较小分子再进入分子筛继续反应。担体还能容纳易生焦的重胶质、沥青质，对分子筛起保护作用。

（二）催化剂的失活与再生

1. 裂化催化剂失活的原因

在反应-再生过程中，裂化催化剂的活性和选择性不断下降，此现象称为催化剂的失活。裂化催化剂的失活原因主要有三：高温或与高温水蒸气的作用；裂化反应生焦；毒物的毒害。

（1）水热失活　在高温，特别是有水蒸气存在的条件下，裂化催化剂的表面结构发生变化，比表面积减小、孔容减小，分子筛的晶体结构破坏，导致催化剂的活性和选择性下降。无定型硅酸铝催化剂的热稳定性较差，当温度高于650℃时失活就很快。分子筛催化剂的热稳定性比无定型硅酸铝的稳定性要高得多，在高于800℃时，许多分子筛就已开始有明显的晶体破坏现象发生。在工业生产中，对分子筛催化剂，一般在小于650℃时催化剂失活很慢，在小于720℃时失活并不严重，但当温度大于730℃时失活问题就比较突出了。

（2）结焦失活　催化裂化反应生成的焦炭沉积在催化剂的表面上，覆盖催化剂上的活性中心，使催化剂的活性和选择性下降。随着反应的进行，催化剂上沉积的焦炭增多，失活程度也加大。

（3）毒物引起的失活　裂化催化剂的毒物主要是某些金属（铁、镍、铜、钒等重金属及钠）和碱性氮化合物。重金属在裂化催化剂上的沉积会降低催化剂的活性和选择性，其中以镍和钒的影响最为重要。在催化裂化反应条件下，镍起着脱氢催化剂的作用，使催化剂的选择性变差，其结果是焦炭产率增大，液体产品产率下降，产品的不饱和度增高，气体中的氢含量增大；钒会破坏分子筛的晶体并使催化剂的活性下降。在催化剂上金属含量低于 $3000\mu g/g$ 时，镍对选择性的影响比钒大 4～5 倍，而在高含量时（15000～20000$\mu g/g$），钒对选择性的影响与镍达到相同的水平。重金属污染的影响还与其老化的程度及催化剂的抗金属污染能力有关。实践表明，已经老化的重金属的污染作用要比新沉积金属的作用弱得多。

碱金属和碱土金属以离子态存在时,可以吸附在催化剂的酸性中心上并使之中和,从而降低了催化剂的活性。在实际生产中,钠对裂化催化剂的中毒是需要注意的。钠会中和酸性中心而降低催化剂的活性,而且会降低催化剂结构的熔点,使之在再生温度条件下发生熔化现象,把分子筛和基质一同破坏。

除了金属毒物外,碱性氮化合物对裂化催化剂也是毒物,它会使催化剂的活性和选择性降低。碱性氮化合物的毒害作用的大小除了与总碱氮含量有关外,还与其分子结构有关,例如分子大小、杂环类型、分子的饱和程度等。

2. 裂化催化剂的再生

催化剂失活后,可以通过再生而恢复由于结焦而丧失的活性,但不能恢复由于结构变化及金属污染引起的失活。

裂化催化剂在反应器和再生器之间不断地进行循环,通常在离开反应器时催化剂(待生催化剂)上含炭约1%,须在再生器内烧去积炭以恢复催化剂的活性。对无定型硅酸铝催化剂,要求再生剂的含碳量降至0.5%以下,对分子筛催化剂则一般要求降至0.2%以下,而对超稳Y分子筛催化剂则甚至要求降至0.05%以下。对一个催化裂化装置来说,裂化催化剂的再生过程决定着整个装置的热平衡和生产能力,因此,在研究催化裂化时必须十分重视催化剂的再生问题。

催化剂再生反应就是用空气中的氧烧去沉积的焦炭。再生反应的产物是CO_2、CO和H_2O。一般情况下,再生烟气中的CO_2/CO的比值在1.1~1.3。在高温再生或使用CO助燃剂时,此比值可以提高,甚至可使烟气中的CO几乎全部转化为CO_2。再生烟气中还含有SO_x(SO_2、SO_3)和NO_x(NO、NO_2)。由于焦炭本身是许多种化合物的混合物,主要是由碳和氢组成,故可以写成以下反应式:

$$C + O_2 \longrightarrow CO_2 \qquad 反应热:33873 kJ/kg\ C$$

$$C + \frac{1}{2}O_2 \longrightarrow CO \qquad 10258 kJ/kg\ C$$

$$H_2 + \frac{1}{2}O_2 \longrightarrow H_2O \qquad 119890 kJ/kg\ H$$

通常氢的燃烧速率比碳快得多,当碳烧掉10%时,氢已烧掉一半;当碳烧掉一半时,氢已烧掉90%。因此,碳的燃烧速率是确定再生能力的决定因素。

上面三个反应的反应热差别很大,因此,每千克焦炭的燃烧热因焦炭的组成及生成的CO_2/CO的比不同而异。在非完全再生的条件下,每千克焦炭的燃烧热在32000kJ左右。再生时需要供给大量的空气(主风),在一般工业条件下,每千克焦炭需要耗主风大约9~12m^3(标)。

从以上反应式计算出焦炭燃烧热并不是全部都可以利用,其中应扣除焦炭的脱附热。脱附热可按下式计算:

$$焦炭的脱附热 = 焦炭的吸附热 = 焦炭的燃烧热 \times 11.5\%$$

因此,烧焦时可利用的有效热量只有燃烧热的88.5%。

三、催化裂化装置发展

催化裂化技术由法国E.J.胡德利研究成功,于1936年由美国索康尼真空油公司和太阳石油公司合作实现工业化,当时采用固定床反应器,反应和催化剂再生交替进行。由于高压缩比的汽油发动机需要较高辛烷值汽油,催化裂化向移动床(反应和催化剂再生在移动床反应器中进行）和流化床（反应和催化剂再生在流化床反应器中进行）两个方向发展。移动床催化裂化因设备复杂逐渐被淘汰；流化床催化裂化设备较简单、处理能力大、较易操作，得到较大发展。20 世纪 60 年代，出现分子筛催化剂，因其活性高，裂化反应改在一个管式反应器（提升管反应器）中进行，称为提升管催化裂化（见图 2-8）。

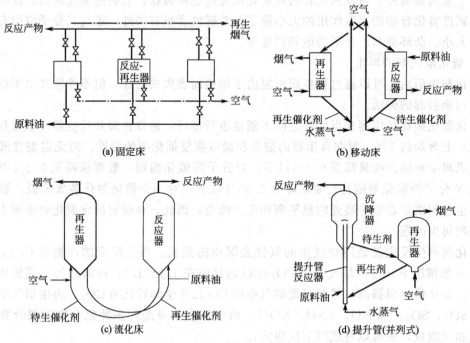

图 2-8 催化裂化的历史沿革

中国 1958 年在兰州建成移动床催化裂化装置，1965 年在抚顺建成流化床催化裂化装置，1974 年在将玉门炼油厂 Ⅵ-U 型管式流化床催化裂化改造成为高低落并列式提升管装置，1977 年 12 月，建成投产了第一套同轴式带两段再生的 FCC 装置，1978 年乌鲁木齐石化总厂烧焦罐式高效再生催化裂化装置和镇海石油化工总厂旋转床烧焦高低并列式提升管催化裂化装置相继建成。2002 年世界上第一套多功能两段提升管反应器在石油大学（华东）胜华炼厂年加工能力 10 万吨催化裂化工业装置上改造成功。

四、反应再生系统作用

反应再生系统的主要任务是完成原料油的转化。原料油通过反应器与催化剂接触后反应，不断输出反应产物，催化剂则在反应器和再生器之间不断循环，在再生器中通入空气烧去催化剂上的积炭，恢复催化剂的活性，使催化剂能够循环使用。烧焦放出的热量以催化剂为载体，不断带回反应器，供给反应所需的热量，过剩热量由专门的取热设施取出加以利用。

五、反应再生系统设备结构及特点

1. 提升管反应器

提升管反应器是催化裂化反应进行的场所，是催化裂化装置的关键设备之一。在流化过程中，当气速高于带出速率，固体颗粒便被带出。把带出的颗粒沿提升管向上运动，若提升管作为反应设备就称为提升管反应器。

常见的提升管反应器型式有两种,有直管式和折叠式(见图 2-9)。直管式多用于高低并列式提升管催化裂化装置(见图 2-10),折叠式多用于同轴式提升管催化裂化装置(见图 2-11)和由床层反应器改为提升管的装置。

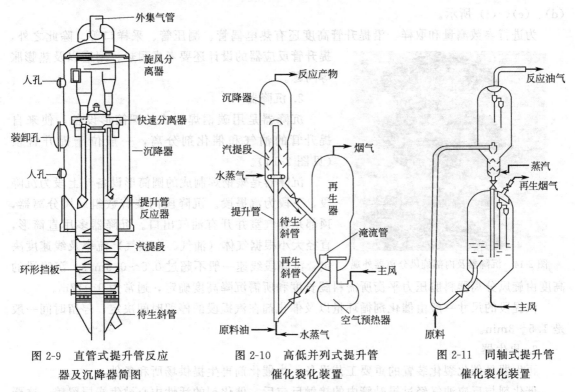

图 2-9　直管式提升管反应
器及沉降器简图

图 2-10　高低并列式提升管
催化裂化装置

图 2-11　同轴式提升管
催化裂化装置

进料口以下的一段称为预提升段(见图 2-12),作用是:由提升管底部吹入水蒸气(称预提升蒸汽),使出再生斜管的再生催化剂加速,以保证催化剂与原料油相遇时均匀接触。

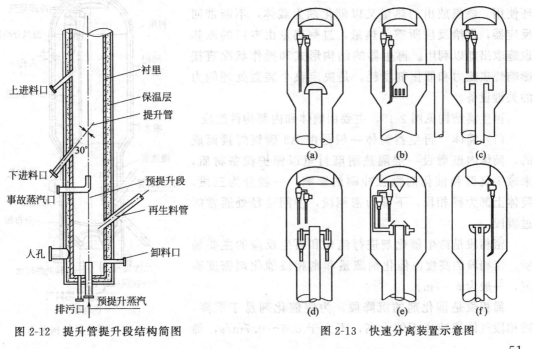

图 2-12　提升管提升段结构简图

图 2-13　快速分离装置示意图

为使油气在离开提升管后立即终止反应，提升管出口均设有快速分离装置，使油气与大部分催化剂迅速分开。快速分离器的类型很多，常用的有：伞帽型、倒 L 型、T 型、粗旋风分离器、弹射快速分离器和垂直齿缝式快速分离器，分别如图 2-13 中 (a)、(b)、(c)、(d)、(e)、(f) 所示。

为进行参数测量和取样，沿提升管高度还有热电偶管、测压管、采样口等。除此之外，提升管反应器的设计还要考虑耐热、耐磨以及热膨胀等问题。

2. 沉降器

沉降器是用碳钢焊制成的圆筒形设备，使来自提升管的油气和催化剂分离，一般位于提升管顶部（见图 2-14）。

图 2-14 沉降器及内部旋风分离器外观

沉降器是碳钢焊制成的圆筒形设备，上段为沉降段，下段为汽提段。沉降段内装有数组旋风分离器，顶部是集气室并开有油气出口。沉降器多用直筒形，直径大小根据气体（油气、水蒸气）流率及线速度决定，沉降段线速一般不超过 0.5~0.6m/s。沉降段的高度由旋风分离器料舱压力平衡所需料腿长度和所需沉降高度确定，通常为 9~12m。

汽提段的尺寸一般由催化剂循环量以及催化剂在汽提段的停留时间决定，停留时间一般是 1.5~3min。

3. 再生器

再生器是催化裂化装置的重要工艺设备，为催化剂再生提供场所和条件。

催化剂与反应油气经过提升管内的接触反应后，催化剂的活性中心被焦炭层覆盖，这严重影响了催化剂的活性。所以在再生器中通入空气烧去催化剂上的积炭，恢复催化剂的活性，使催化剂能够循环使用。烧焦放出的热量又以催化剂为载体，不断带回反应器，供给反应所需的热量，过剩热量由专门的取热设施取出加以利用。再生器的结构形式和操作状况直接影响烧焦能力和催化剂损耗，是决定整个装置处理能力的关键设备。

再生器结构见图 2-15，主要由筒体和内部构件组成。

(1) 筒体　再生器筒体一般是由 A3 碳钢焊接而成的，筒体内壁敷设一层隔热耐磨衬里以保护设备材质，来减少高温和催化剂颗粒冲刷的影响。一般分为三段，筒体上部为稀相段，下部为密相段，中间变径处通常叫过渡段。

密相段是待生催化剂进行流化和再生反应的主要场所。密相段的高度由催化剂藏量和密相段催化剂密度确定，一般为 6~7m。

稀相段是催化剂的沉降段。为使催化剂易于沉降，稀相段气体线速度不能太高，不大于 0.6~0.7m/s，稀

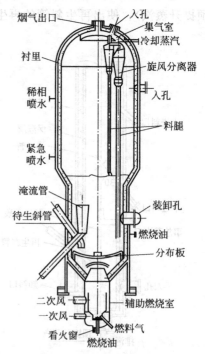

图 2-15 再生器结构示意图

相段直径通常大于密相段直径。稀相段高度应由沉降要求和旋风分离器料腿长度要求确定，适宜的稀相段高度是9～11m。

(2) 旋风分离器　旋风分离器是气固分离并回收催化剂的设备，是催化裂化装置中非常关键的设备，直接影响催化剂耗量大小。图2-16是旋风分离器结构示意图。旋风分离器由内圆柱筒、外圆柱筒、圆锥筒以及灰斗组成。灰斗下端与料腿相连，料腿出口装有翼阀。灰斗的作用是脱气，防止气体被催化剂带入料腿；料腿的作用是将回收的催化剂输送回床层，为此，料腿内催化剂应具有一定的料面高度以保证催化剂可顺利下流，所以料腿一般要求有一定长度；翼阀的作用是密封，即允许催化剂流出而阻止气体倒窜。

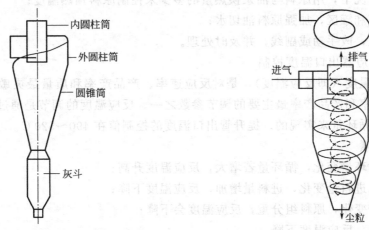

图2-16　旋风分离器结构示意图　　图2-17　旋风分离器分离原理示意图

携带催化剂颗粒的气流以很高的速度（15～25m/s）从切线方向进入旋风分离器，沿内外圆柱筒间的环形通道作旋转运动，固体颗粒产生离心力，颗粒沿锥体下转进入灰斗，气体从内圆柱筒排出（见图2-17）。

(3) 主风分布管　主风分布管是再生器的空气分配器，使进入再生器的空气均匀分布，以形成良好的流化状态，保证气固均匀接触，强化再生反应。

(4) 辅助燃烧室　辅助燃烧室是一个特殊形式的加热炉，在再生器下面（可与再生器连为一体，也可分开设置），开工时用以加热主风使再生器升温，紧急停工时维持一定的降温速率，正常生产时辅助燃烧室只作为主风的通道。

【操作规范】

一、正常操作

反应再生系统的正常操作主要是温度、压力、汽提蒸汽和反应深度等的控制，着重控制物料、热量、压力三大平衡，保持两器间流化通畅，在安全平稳的前提下取得最高的产品收率和最好的产品质量，工艺参数的控制主要就是针对上述要求进行调节的。

（一）温度控制

反应再生系统主要控制的温度点有原料预热温度、反应器出口温度、再生器床层温度等。

1. 原料预热温度的控制

原料的预热温度对它的雾化效果有很重要的影响，对产品产率和质量也有不同程度的影响。一般来说，原料预热温度高，可降低油品黏度，提高雾化效果，降低生焦等，但过高时又会影响热平衡，使剂油比下降，造成转化率下降，产品分布变坏。因此预热温度一般控制在 200~230℃ 之间。

（1）影响因素

① 油浆循环量，温度及冷路开度的影响；
② 进料量的影响；
③ 原料带水，预热温度下降；
④ 仪表失灵。

（2）调节方法

① 正常的情况下，用原料与油浆换热量的多少来控制原料预热温度；
② 联系调度和罐区，加强原料油切水；
③ 仪表失灵，改手动或副线，并及时处理。

2. 提升管反应器出口温度控制

提升管出口温度（即反应温度），是对反应速率、产品产率和质量最灵敏的因素，也是生产中反应转化率和产品产率最主要的调节参数之一。反应温度的调节是通过再生滑阀的开度，改变催化剂循环量来实现的。提升管出口温度的控制值在 490~520℃。

（1）影响因素

① 催化剂循环量变化，循环量若增大，反应温度升高；
② 提升管总进料量变化，进料量增加，反应温度下降；
③ 进料组分变化，原料组分重，反应温度会下降；
④ 原料带水，反应温度下降；
⑤ 原料预热温度变化；
⑥ 沉降器汽提蒸汽量变化，汽提蒸汽量减少，再生床温升高，反应温度升高；
⑦ 再生床温变化；
⑧ 反应终止剂量大，反应温度降低；
⑨ 预提升蒸汽及进料雾化蒸汽量变化；
⑩ 两器差压的变化；
⑪ 再生滑阀调节不灵敏。

（2）调节方法

① 正常情况下，通过调节再生滑阀开度来调节催化剂循环量，从而控制提升管出口温度；
② 控制各路进料量，提降量要缓慢；
③ 及时调整回炼油量和回炼油浆量；
④ 联系罐区，加强脱水；
⑤ 调节控制稳原料预热温度；
⑥ 控制好汽提蒸汽量；
⑦ 控制好再生器密相床温；
⑧ 根据实际情况调整好终止剂量；
⑨ 对进入提升管的各路蒸汽量要控制稳；
⑩ 加强操作，维持好两器差压；
⑪ 联系仪表、维修人员查找仪表原因。

3. 再生器床层温度的控制

再生器床层温度是影响烧焦速率的最主要因素之一。再生器床层温度对剂油比、平衡剂定碳、产品分布等影响较大,也是检测系统热平衡的一个主要因素。

(1) 影响因素

① 原料性质的变化,回炼油量、回炼油浆量发生变化;
② 油浆外甩量的变化;
③ 反应深度、转化率变化;
④ 沉降器藏量,汽提蒸汽量和汽提蒸汽品质变化;
⑤ 原料预热温度变化;
⑥ 雾化蒸汽量变化及雾化蒸汽品质的变化;
⑦ 主风量变化;
⑧ 催化剂循环量大,再生床层温度下降;
⑨ 补充新鲜催化剂速率及加 CO 助燃剂速率;
⑩ 燃烧油的启用,燃烧油带水;
⑪ 外取热器的运行状况;
⑫ 再生压力变化;
⑬ CO 助燃剂加入量的多少;
⑭ 再生床层流化质量;
⑮ 外取热器内漏;
⑯ 蒸汽带水。

(2) 调节方法

① 平稳原料的性质及回炼比;
② 调节好外甩量;
③ 控制好反应的深度;
④ 平稳沉降器汽提段藏量,平稳汽提蒸汽量,保证蒸汽合格;
⑤ 控制原料预热温度在合理范围之内;
⑥ 平稳雾化蒸汽量,保证蒸汽质量;
⑦ 保持适当平稳的主风量;
⑧ 缓慢调整催化剂循环量;
⑨ 保持合理的加料速度,不能太快,同时外取热负荷作相应调整;
⑩ 根据再生器密相床温平稳调节;
⑪ 控制好外取热器中催化剂循环取热量;
⑫ 根据需要适当调节再生器压力;
⑬ CO 助燃剂量太少,造成部分 CO 燃烧无法利用,再生器床温降低,可适当加大剂量;
⑭ 寻找设备或操作原因,及时处理,如无法处理,不能维持正常生产则按停工处理。

(二) 压力控制

反应再生系统主要控制的压力点有:再生器压力、反应沉降器压力等。

1. 再生器压力的控制

(1) 影响因素

① 主风量变化；
② 烟机入口蝶阀或双动滑阀的开度变化；
③ 待生催化剂带油；
④ 进入再生器的蒸汽量变化或蒸汽带水；
⑤ 外取热器取热管漏；
⑥ 沉降器压力变化，两器差压超过安全给定值；
⑦ 再生器喷燃烧油时，燃烧油带水；
⑧ 加新鲜催化剂时（或助剂），输送风量和流化风量过大；
⑨ 余热锅炉对流过热段、蒸发段、省煤器炉管积灰严重，或烟道挡板卡住，烟气压降太大；
⑩ 发生二次燃烧时，喷汽或喷水；
⑪ 仪表失灵；
⑫ 主、备机切换；
⑬ 开、停增压机及增压机切换。

（2）调节方法
① 根据烟气中氧含量调节主风量，控制平稳，幅度不宜过大；
② 正常情况下，再生器压力由烟机入口蝶阀和双动滑阀来控制，必要时可改手动；
③ 及时调整操作，增大汽提蒸汽量；
④ 控制平稳蒸汽压力，控制好蒸汽量；
⑤ 检查泄漏管，必要时停工处理；
⑥ 应根据具体情况控制好沉降器压力，维持两器差压；
⑦ 封油罐加强脱水，缓慢调节燃烧油量；
⑧ 适当控制加催化剂（或助剂）的速度，控制适当的输送和流化风量；
⑨ 余热锅炉管积灰，定期吹灰；检查蝶阀阀位情况，及时联系处理；
⑩ 严格按工艺卡片控制操作指标，尽量不启用稀相喷水、喷汽；
⑪ 联系仪表维修；
⑫ 开、停车，主、备机切换要尽量平稳操作。

2. 反应沉降器压力控制

反应沉降器压力（即反应压力）是沉降器内气体从沉降器顶部到气压机入口设备管径的阻力降与气压机静压之和。

反应压力在反应再生系统压力平衡中起主导作用，当反应压力提高时，反应器内油气分压升高，反应物的浓度增加，因此反应速率加快，对一定的提升管反应器来说，提高反应压力即降低了反应器内反应物料体积流率，在进料量不变的情况下，就延长了反应时间，因此有利于提高转化率，但焦炭产率和干气产率也会上升。所以，应严格控制反应压力，防止大幅度变化，造成两器流化失常，甚至发生催化剂倒流事故。

沉降器压力在不同时期有不同的控制方案：
① 开工烘衬里阶段由沉降器顶的反应油气管线上遥控阀来控制；
② 切换气封后至喷油前用分馏塔顶的油气管线上蝶阀来控制；
③ 反应进料后至气压机启动前由气压机的入口放火炬来控制；
④ 气压机启动后由汽轮机的调速器或反飞动控制。

(1) 影响因素

① 总进料量增加，反应压力上升；
② 原料油带水，反应压力上升；
③ 进料性质发生变化；
④ 反应深度增加，反应压力上升；
⑤ 反应各部位注汽量及预提升干气注入量大，反应压力升高；
⑥ 分馏塔底液面或分馏塔顶油气分离器液面太高，反应压力急剧升高；
⑦ 再吸收塔液位过低，导致干气压空窜入分馏塔，反应压力升高；
⑧ 分馏塔顶油气蝶阀或冷凝冷却系统阀门开度小节流，反应压力升高；
⑨ 分馏回流带水或回流量增大，反应压力上升；
⑩ 分馏塔冲塔，气相负荷增大，反应压力上升；
⑪ 富气冷后温度升高，反应压力升高；
⑫ 气压机转速增加，反应压力降低；
⑬ 气压机出口压力升高，反应压力升高；
⑭ 反飞动量增加，反应压力上升；
⑮ 仪表、机械事故。

(2) 调节方法

① 在正常情况下，反应压力由气压机的转速自动控制。在开工喷油前由分馏塔顶空冷入口前油气蝶阀调节，从喷油到气压机开机前用气压机入口放火炬蝶阀调节；
② 当反应压力突然升高，应观察气压机入口压力、分馏塔顶压力及富气量的变化情况，准确分析出原因，迅速处理，可采用提高气压机转速，减少反飞动量，必要时投用气压机入口放火炬撤压；
③ 若因分馏塔或分馏塔顶油气分离器液面太高，使反应压力升高，应迅速降低液面，保证油气线路畅通；
④ 必要时，用气压机的入口放火炬和防喘振（反飞动）调节阀控制反应压力；
⑤ 若气压机突然停机，应迅速打开气压机的入口放火炬阀，控制反应压力；
⑥ 若反应压力在使用多种手段后仍然升高，应降低进料量；若影响到两器流化，使反应温度迅速下降时，应果断切断进料，直至切断两器催化剂的循环，确保安全。

(三) 汽提蒸汽

(1) 影响因素

① 蒸汽压力；
② 过热蒸汽温度；
③ 蒸汽带水；
④ 汽提蒸汽盘管坏；
⑤ 汽提蒸汽喷嘴堵塞或结焦；
⑥ 仪表失灵等。

(2) 调节方法

① 调节蒸汽压力；
② 调节过热蒸汽温度；
③ 及时处理带水问题；

④ 大检修时处理，不能维持则停工处理；

⑤ 保证蒸汽质量，当待生催化剂带油严重时及时加大汽提蒸汽量，同时反应及时降量，必要时切进料，及时处理，不能维持生产则作停工处理；

⑥ 联系仪表处理。

（四）再生烟气氧含量的控制

若再生烟气氧含量过高，再生器稀相易发生二次燃烧；过低时，再生器定碳量不易控制到低于 0.1%，且易发生碳堆。该参数是判断再生器工况的一个重要参数。

（1）影响因素

① 主风量变化；

② 提升管总进料量及原料性质变化；

③ 汽提蒸汽量变化；

④ 燃烧油的投用；

⑤ 反应器温度，反应深度变化；

⑥ 仪表失灵；

⑦ 待生催化剂含碳量变化；

⑧ 床温变化。

（2）调节方法

① 根据提升管进料量变化、原料性质变化及时提升或降低主风量，保持平稳的汽提蒸汽量和原料雾化蒸汽量；

② 燃烧油投用时要缓慢，两边对称投用，根据氧的含量分析决定是否要提升主风量；

③ 选择适当的反应温度，保持适当的反应深度；

④ 及时联系仪表处理，加强平衡剂分析，判断再生剂定碳的变化情况；

⑤ 保持合适的再生床温。

（五）反应深度的控制

反应深度是裂化反应过程转化率高低的标志。可通过观察富气和粗汽油产率及回炼油罐和分馏塔底液位高低来判断。反应深度过高，裂化反应过程中会将汽油、轻柴油及中间产物进一步裂化，进而转化为气体和焦炭。反应深度的变化反映在分馏塔底液面变化是非常明显的。当分馏操作平稳，回炼油罐液面恒定，分馏塔底液面上升，说明反应深度减少。

（1）影响因素

① 提升管出口温度升高，反应深度增大；

② 剂油比增加，反应深度增大；

③ 催化剂活性若提高，反应深度增大；

④ 反应压力上升，转化率提高，反应深度增大；

⑤ 提升管中油气分压增加，反应深度降低。

（2）调节方法

① 根据原料的性质、回炼比、转化率、产品分布及催化剂的活性控制适当的反应温度；

② 控制再生器含碳量在指标内，按时置换催化剂，保持系统催化剂的活性；

③ 在指标允许范围内，调节预提升蒸汽量。

二、非正常操作

1. 反应温度大幅度波动

(1) 原因分析

① 再生滑阀故障；

② 再生线路催化剂流化失常，引起滑阀开度变化过快；

③ 反应进料突然增大或减小，引起催化剂循环量变化；

④ 原料的预热温度突然变化；

⑤ 两器差压或大或小，引起催化剂循环量变化；

⑥ 再生器床层温度大幅波动；

⑦ 原料带水，蒸汽带水，终止剂带水等引起反应温度波动；

⑧ 反应压力波动造成反应温度波动；

⑨ 预提升介质压力，流量突然大幅波动。

(2) 处理方法

① 首先适当降低处理量，当温度降至470℃以下必须切进料，立即将滑阀从遥控改为手动，到现场将滑阀控制在所需阀位；

② 立即将再生滑阀改手动，同时调节再生器料位在正常范围，若还不能解决，则应去现场调整再生线路松动介质的用量，保持再生斜管内催化剂密度均匀；

③ 若反应进料大幅波动，除检查原料油泵、回炼油泵外，还应去检查提升管原料油进料切断阀、提升管原料返回阀是否失灵，调节阀是否卡住等，若泵故障则即时切换至备用泵。仪表故障，改副线稳住进料量，并联系仪表及时处理；

④ 进料温度变化，调节阀改手动控制，联系仪表处理；

⑤ 对于由于沉降器压力过高引起差压的变化，应调整气压机工况，必要时适当放火炬以维持差压，双动滑阀故障而引起差压的变化时，需按双动滑阀故障处理；

⑥ 原料性质引起再生器床层温度大幅波动时，应及时控制好原料性质和回炼比；汽提段藏量不稳而引起床层温度波动时，则按汽提段藏量控制方法处理；外取热取热负荷变化引起温度波动时，应平稳外取器运行工况；

⑦ 原料带水，适当降量，并联系改罐加强脱水；雾化蒸汽带水，降低原料量并降蒸汽量，蒸汽脱水；终止剂带水，停注终止剂；

⑧ 寻找原因，及时处理，平稳反应压力，超高适当放火炬；

⑨ 寻找原因，及时处理，平稳提升介质流量、压力。

2. 反应压力大幅波动

(1) 原因分析

① 反应温度大幅波动；

② 原料带水，蒸汽带水；

③ 总进料量突然变化；

④ 气压机故障；

⑤ 分馏系统故障（如冷回流量过大，分馏塔盘、分馏塔顶油气分离器泄漏、分馏塔顶空冷电机偷停、淹塔、冲塔等）；

⑥ 终止剂喷入量变化快或带水；

⑦ 两器流化失灵；

⑧ 仪表失灵。
(2) 处理方法
① 针对反应温度寻找原因，及时做出调整；
② 原料带水，适当降量；若反应压力过高，应适当放火炬；蒸汽带水，在适当降蒸汽量同时降处理量，加强蒸汽脱水；
③ 可能仪表失控，调节阀打手动或手摇或副线控制流量，并联系仪表及时处理；压力过高时，放火炬；
④ 气压机入口放火炬；
⑤ 由于分馏系统压降大，寻找原因，降液面，启动空冷，调整操作；
⑥ 控制稳终止剂量；若终止剂带水，联系处理，加强脱水；
⑦ 可能是压差变化过大，管线松动不畅，应调整差压或松动风量，保证流化正常；若线路有脱落或衬里有其他大物堵塞，采取措施处理，维持不了生产则作停工处理。

3. 沉降器汽提段藏量突然波动
(1) 原因分析
① 待生塞阀失灵，突然开大或关小；
② 两器压差波动；
③ 再生器滑阀失灵；
④ 料位测压点堵，仪表指示不准；
⑤ 汽提蒸汽量突然变化；
⑥ 发生架桥等现象。
(2) 处理方法　沉降器料位波动需立即处理，防止两器互相压空，油气互窜。
① 立即将塞阀改为手动，适当调整阀位，维持正常料位；
② 反应压力超高，立即放火炬降压；如果差压波动及时寻找原因，作相应处理，同时尽量控制稳料位；
③ 若再生滑阀失灵开大，立即至现场改手摇，控制正常阀位；滑阀失灵关小，迅速降进料量以维持反应温度，滑阀现场手摇，及时调整控制稳沉降器料位；
④ 待生塞阀改手动控制，以正确的料位（再生器料位）作参照值；
⑤ 若调节阀失灵改手动，必要时改副线控制蒸汽量，联系仪表处理；看蒸汽压力变化，平稳蒸汽压力；
⑥ 降低处理量，寻找架桥原因，迅速处理；必要时切断进料，单器流化。

4. 催化剂"架桥"
(1) 现象
① 汽提段藏量上升很快，再生器藏量下降；
② 待生立管密度、待生塞阀压降变化异常；
③ 再生器的温度下降；
④ 沉降器密度、旋分料腿密度、藏量增大。
(2) 原因分析
① 两器的差压脉冲式变化，催化剂循环量波动大；
② 待生立管上的松动汽（风）堵，蒸汽带水或汽（风）过大或过小；
③ 催化剂的流动性能变坏（待生剂严重碳堆，待生剂带油，催化剂筛分组成比重等发

生变化);

④ 异物堵塞,如焦块或脱落衬里堵塞待生立管;

⑤ 塞阀机械故障或仪表失灵;

⑥ 套管及待生立管分配器流化风波动大;

⑦ 待生催化剂带油,引起再生器超温,待生催化剂在待生立管内结焦;

⑧ 严重碳堆积,处理不及时,再生器超温,待生立管急剧膨胀伸长,待生塞阀卡死等造成催化剂循环中断;

⑨ 待生立管松动蒸汽质量长期不合格或严重带水,在松动点附近结垢并缓慢累积,最终使待生立管流道变窄不畅,甚至架桥。

(3) 处理方法

① 平稳两器差压,必要时压控可改手动,塞阀可改手动;

② 处理通堵塞点,排净凝结水,调节汽(风)量,更换孔板,切换介质;

③ 调节汽提蒸汽量和松动介质量,处理碳堆积,置换催化剂等措施;

④ 降低处理量,短时间改变塞阀开度,两器差压,处理堵塞部位,必要时切进料处理甚至停工;

⑤ 手控塞阀,开大塞阀;

⑥ 平稳套筒流化风;

⑦ 平稳操作,严格按工艺指标执行;

⑧ 保证松动蒸汽(风)质量,严防带水。

5. 再生器压力大幅波动

(1) 原因分析

① 双动滑阀故障;

② 烟机入口蝶阀故障;

③ 主风流量大幅度变化;

④ 再生器启用燃料油幅度过大或燃烧油带水;

⑤ 外取热器取热管漏水;

⑥ 待生催化剂严重带油;

⑦ 仪表失灵;

⑧ 自保动作。

(2) 处理方法

① 双动滑阀一边发生故障,将这一边锁定,另一边自控;若两边失灵,立即去现场改手动调节再生器压力,并及时联系仪表处理;

② 烟机入口蝶阀失灵,及时改手动控制,联系仪表维修;

③ 控制稳风机的入口蝶阀开度,稳定主风机缓慢调节外取热用风量,监视再生压力变化情况,调节反喘振阀开度,使再生器压力与供风量稳定下来;

④ 喷燃烧油前脱好水,燃烧油量两边对称缓慢调节;

⑤ 找出泄漏取热管,能切离则切离,不能切离时停工处理;

⑥ 降低处理量、提汽提蒸汽量,必要时作切进料处理,循环烧焦时防二次燃烧和尾燃;

⑦ 及时联系仪表处理;

⑧ 寻找原因,及时处理。

第二节 分馏岗位

【岗位任务】

1. 分馏岗位的任务是将从反应器来的过热油气按照不同的馏程分离成塔顶富气、粗汽油、轻柴油、回炼油、油浆,并控制粗汽油的干点和轻柴油的闪点和凝固点、产品油浆的固体含量等质量指标。

2. 根据反应处理量及反应深度来调整、操作并分离出相应的合格产品,并努力提高轻质油收率。

3. 选择好合适的分馏各段取热比例,保证全塔物料平衡和热平衡,严防冲塔、雾沫夹带和漏液等事故的发生。

4. 控制好分馏岗位各塔器液位或界位,严防淹塔、空塔、满罐、空罐等事故的发生,控制好分馏岗位外送物料的温度、流量、压力等。

5. 做好巡回检查,发现问题要及时处理,处理不了时要及时向班长汇报。

6. 负责本岗位分馏系统工艺设备、管线、本岗位负责的仪表控制阀的操作及检查。

【典型案例】

图 2-18 所示为催化裂化仿真系统分馏系统 DCS 图。分馏塔(C201)共 32 层塔盘,塔底部装有 10 层人字挡板。由沉降器来的反应油气进入分馏塔的底部,通过人字挡板与循环油浆逆流接触,洗涤反应油气中的催化剂并脱过热,使油气呈饱和状态进入主分馏塔上部进行分馏。油气经分馏后得到富气、粗汽油、轻柴油、回炼油及油浆。

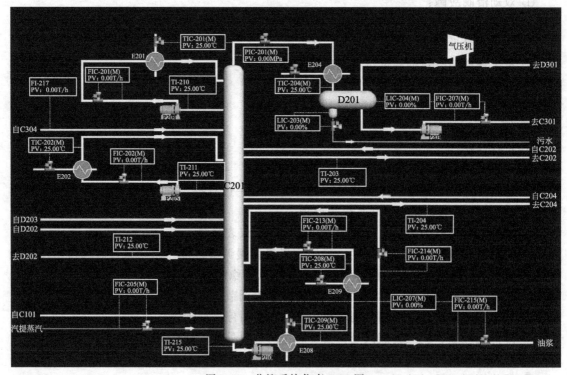

图 2-18 分馏系统仿真 DCS 图

分馏塔顶油气分别经分馏塔顶油气-热水换热器（E203）、分馏塔顶油气干式空冷器（EC201）、分馏塔顶冷凝冷却器（E209）冷却至40℃，进分馏塔顶油气分离器（D201）进行气液分离。分出的粗汽油进入吸收塔作吸收剂；富气进入气压机；酸性水去污水管线。

轻柴油自分馏塔抽出自流至轻柴油汽提塔，汽提后的轻柴油由轻柴油泵（P206）抽出，经轻柴油-解吸塔底重沸器（E304）、轻柴油-富吸收油换热器（E204）、轻柴油-热水换热器（E206）换热后，经轻柴油冷却器（E236）冷却到60℃，再分成两路，一路作为产品出装置，另一路经贫吸收油冷却器（E210）冷却到40℃送至再吸收塔作吸收剂。

重柴油自分馏塔抽出自流至重柴油汽提塔，汽提后的重柴油由重柴油泵（P208）抽出，经重柴油-热水换热器（E230）、重柴油冷却器（E231）冷却至60℃出装置。分馏塔多余的热量分别由顶循环回流、一中段循环回流、油浆循环回流取走。顶循环回流自分馏塔抽出，用顶循环油泵（P204）升压，经顶循环油-热水换热器（E202和E205）、顶循环油冷却器（E233）降至90℃返回分馏塔顶。一中段回流油自分馏塔抽出后，用一中循环油泵（P205）升压，经稳定塔底重沸器（E304）、分馏一中-热水换热器（E212）、分馏一中冷却器（E235）温度降至200℃返回分馏塔。

油浆自分馏塔底由油浆泵（P210）抽出后，经原料油-循环油浆换热器（E201）换热，再经循环油浆蒸汽发生器（E208）发生中压饱和蒸汽后，温度降至280℃，分为三部分，一部分返回分馏塔底（上返塔）；另一部分经油浆热水换热器（E218）返回分馏塔底（下返塔），另一部分经产品油浆-热水换热器、油浆冷却器冷却至90℃，送出装置。

【工艺原理及设备】

一、催化分馏塔的作用

催化分馏塔（见图2-19）是根据各组分沸点的不同，将反应油气分离成富气、粗汽油、轻柴油、回炼油、油浆，并保证汽油干点、轻柴油凝固点和闪点合格的设备。

二、催化分馏塔设备特点

从反应器来的反应油气从底部进入分馏塔，经底部的脱过热段后在分馏段分离成几个中间产品：塔顶为粗汽油及富气，侧线为轻柴油、重柴油和回炼油，塔底为油浆。轻柴油和重柴油分别经汽提后，再经换热、冷却后出装置。

炼厂中的催化裂化装置使用的分馏塔分为板式塔和填料塔两种，其中最常用的是浮阀式的板式塔。

与一般分馏塔相比，催化分馏塔有以下特点。

（1）过热油气进料。分馏塔的进料是由沉降器来的460～480℃的过热油气，并夹带有少量的催化剂细粉。为了创造分馏的条件，必须先把过热油气冷却至饱和状态并洗去夹

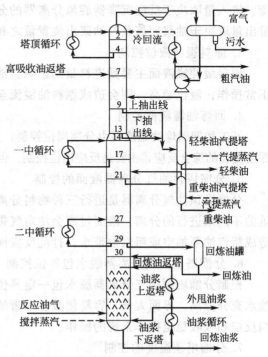

图2-19 催化裂化分馏塔

带的催化剂细粉，防止在分馏时堵塞塔盘。为此，在分馏塔下部设有脱过热段，其中装有人字挡板。由塔底抽出油浆经换热、冷却后返回挡板上方与向上的油气逆流接触换热，达到冲洗粉尘和脱过热的目的。

（2）由于全塔剩余热量多（由高温油气带入），催化裂化产品的分馏精确度要求也不高，设置了4个循环回流分段取热。

（3）塔顶采用循环回流，而不用冷回流。主要原因是：①进入分馏塔的油气中含有大量惰性气和不凝气，若采用冷回流会影响传热效果或加大塔顶冷凝器的负荷；②采用循环回流可减少塔顶流出油气量，进而降低分馏塔顶至气压机入口的压力降，使气压机入口压力提高，这可降低气压机的动力消耗；③采用顶循环回流可回收一部分热量。

【操作规范】

一、正常操作

1. 分馏塔底液面的控制

分馏塔底液面是整个分馏塔操作的重要参数，反映全塔物料平衡和热平衡的状况，并且对全塔操作影响较大。液面过低容易造成油浆泵抽空，破坏全塔热平衡，中断油浆循环回流而发生冲塔、超温、超压事故；液面过高时会淹没反应油气入口，产生液封使反应系统憋压，造成严重后果，并且油浆停留时间长，塔底易结焦。分馏塔底的液位主要由原料油返塔量和反应进料量来控制。

2. 油浆固体含量控制

油浆中固体含量高会强烈磨损设备，特别是磨损高速运转部位，如油浆泵叶轮、管线弯头处等。含量太高还会造成油浆系统的结焦堵塞事故等。因此日常生产中，应控制油浆中的固体含量。油浆和塔底循环油中固体含量高低取决于催化剂进入和排出分馏塔数量上的平衡。进入量取决于反应沉降器旋风分离器的分离效率，即油气携带入分馏塔的催化剂量，而排出量取决于油浆回炼量与油浆出装置量之和。

3. 原料缓冲液位控制

原料缓冲罐液面主要受进料量的影响。液面过低，容易造成原料油泵抽空，打乱全装置正常操作；液位超高，则会造成原料油溢流至分馏塔影响分馏的正常操作。

4. 回炼油罐液面控制

开工初期回炼油罐液面由分馏岗位控制；正常生产时，回炼油罐液面的变化实际上是反应深度变化的综合反应，主要是反应岗位控制。但分馏岗位的操作对回炼油罐的液面有一定影响。

5. 分馏塔顶油气分离器液面的控制

分馏塔顶油气分离器是进行三种物料分离的容器，主要通过汽油、水、富气三种介质比重的不同来进行的分离。液面过高会使富气带油，损坏气压机并造成反应憋压；液面过低会造成粗汽油泵抽空或粗汽油带水，打乱反应岗位和吸收稳定岗位平稳操作。

6. 分馏塔顶油气分离器脱水包界位控制

控制分馏塔顶油气分离器脱水包一定界位的目的是使酸性水有一定的停留时间，从而使油水充分分离。界面太低，容易使酸性水带油，造成损失；界位过高又会使粗汽油带水，影响反应和吸收稳定操作系统的操作。

7. 分馏塔顶温度的控制

分馏塔顶温度顶温是控制粗汽油干点的主要参数。分馏塔顶压力越高，油气分压越高，馏出同样组分的粗汽油所需的塔顶温度越高；在一定的油气分压下，塔顶温度越高，粗汽油的干点越高。

分馏塔顶温的控制主要靠轻油分馏塔顶循环来控制。

8. 分馏塔顶压力控制

分馏塔顶压力受系统压力控制，但分馏塔顶压力的变化会影响反应压力及分馏塔顶油气分压。

二、产品质量调节

1. 粗汽油质量控制

粗汽油质量主要控制干点，粗汽油干点合格才能保证稳定干点合格。

2. 轻柴油质量控制

轻柴油质量控制主要是凝固点，其次是闪点。控制凝固点是为了保证轻柴油使用要求和不同气候条件下有良好的流动性，控制闪点是为了保证轻柴油在输送、储存及使用过程中的安全，闪点越低越容易着火，容易发生爆炸和火灾事故。

第三节　吸收稳定岗位

【岗位任务】

1. 将来自分馏部分的粗汽油和气压机压缩的富气，通过吸收、解吸、精馏后分离出质量合格的干气、液化气和稳定汽油。在生产过程中，要注意各塔、器压力、液面温度的平稳，根据稳定汽油、液化气和干气的质量变化，及时调节温度和回流量，生产出合格的液化气、干气、稳定汽油等产品，并尽量提高稳汽、液化气收率。

2. 维护本岗位负责的设备、仪表，保证安全生产。

3. 本岗位是装置的后部，工序操作易燃易爆、易泄漏，操作压力较高，且温度影响较大。巡回检查时，要注意现场实际液位、界面、阀位、压力、温度、流量等是否与室内指示一致，应严格控制各塔和容器不超温，不超压，液面不超高，泵不抽空等。

4. 必要时，吸收稳定改三塔循环或紧急停工。

5. 操作不平稳时，要力求保证瓦斯压力平稳，避免对余热锅炉操作的影响。

6. 负责干气、液化气、汽油进出装置以及与外部门的联系工作。

【典型案例】

如图 2-20 所示，从分馏部分（D201）出来的富气被压缩机（K301）升压到 1.6~1.8MPa。气压机出口的富气与富气洗涤水、解吸塔顶气混合后，经压缩富气干空冷（EC301/1、2）冷却至 50℃，与吸收塔底油混合后，进入气压机出口油气分离器（D301）进行气液分离。

分离后的气体进入吸收塔用粗汽油及稳定汽油作吸收剂进行吸收，吸收过程放出的热量由两个中段回流取走，分别从第 26 层及第 15 层用泵（P302 及 P303）抽出经水冷器（E307、E308）冷却，然后返回塔的第 25 层和第 14 层塔盘，吸收塔底的饱和吸收油进入气压机的出口油气分离器（D301）前与压缩富气混合。

贫气到再吸收塔（C304）底部，用轻柴油作吸收剂进一步吸收后，干气自塔顶分出，进入燃料气管网。凝缩油由解吸塔进料泵（P301/1、2）从气压机的出口油气分离器抽出进入解吸塔进行解吸。解吸塔底采用由解吸塔底重沸器提供热源，以解吸出凝缩油中的 C_2 组

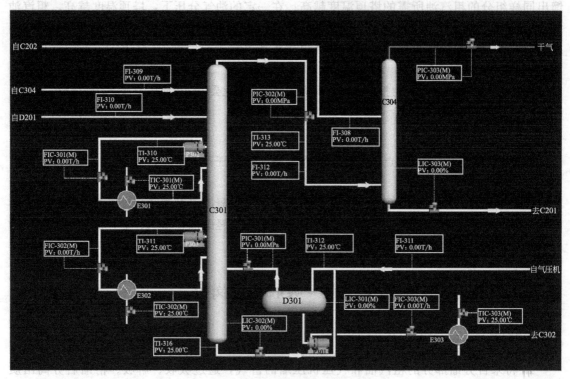

图 2-20 吸收稳定系统仿真 DCS 图

分。解吸塔重沸器由低压蒸汽（E303）作为热源。

脱乙烷汽油由解吸塔底抽出，经稳定塔进料换热器（E306）与稳定汽油换热后送至稳定塔，进行多组分分馏，稳定塔底重沸器（E304）由分馏塔一中段循环回流油提供热量。液化石油气从塔顶馏出，经稳定塔顶冷凝冷却器（E310）冷到 40℃后进入稳定塔顶回流罐（D302）。液化石油气经稳定塔顶回流油泵（P306）抽出后，一部分作稳定塔回流，其余作为液化石油气产品送至产品精制部分脱硫及脱硫醇。稳定汽油从稳定塔底流出，经稳定塔进料换热器、解吸塔热进料换热器（E305）和稳定汽油除盐水换热器（E320），分别与脱乙烷汽油、凝缩油、除盐水换热后，再经稳定汽油冷却器（E309）冷却至 40℃，一部分由稳定汽油泵（P304）送至吸收塔作补充吸收剂，其余部分送出装置。气压机出口油气分离器分离出的酸性水，送至污水管线。

【工艺原理及设备】

一、吸收塔

从分馏塔顶油气分离器出来的富气中带有汽油组分，而粗汽油中又溶有 C_3、C_4 甚至 C_2 组分，因此吸收稳定系统的作用为，利用吸收和精馏的方法将富气和粗汽油分离成干气（C_{2-}）、液化气（C_3、C_4）和蒸汽压合格的稳定汽油。

富气经气压机升压、冷却并分出凝缩油后，由底部进入吸收塔；稳定汽油和粗汽油则作为吸收液由塔顶进入，将富气中的 C_3、C_4（含少量 C_2）等吸收后得到富吸收油。吸收塔顶部出来的贫气中夹带有少量稳定汽油，可经再吸收塔用柴油回收其中的汽油组分后成为干气，送出装置。

二、解吸塔

解吸塔的作用是通过加热将富吸收油中 C_2 组分解吸出来,由塔顶引出进入中间平衡罐,塔底为脱乙烷汽油,送至稳定塔。富吸收油和凝缩油均进入解吸塔,其中的气体解吸后,从塔顶返回凝缩油沉降罐,塔底的未稳定汽油送入稳定塔。

三、再吸收塔

吸收塔顶出来的贫气中尚夹带少量汽油,经再吸收塔用轻柴油回收其中的汽油组分后成为干气送燃料气管网。吸收了汽油的轻柴油由再吸收塔底抽出返回分馏塔。

四、稳定塔

稳定塔其实是一台精馏塔,其目的是将汽油中 C_4 以下的轻烃脱除,在塔顶得到液化石油气(简称液化气),塔底得到合格的汽油——稳定汽油。

【操作规范】

一、正常操作

在此,主要介绍吸收塔的压力控制。吸收塔压力是由气压机出口压力决定的,由塔顶压控仪表控制。压力高,有利于吸收,但压力高会增加气压机的负荷,同时也不利于解吸操作,因此吸收塔的压力控制根据本岗位操作情况和气压机工况决定。

二、产品质量的控制

(1) 干气中 C_3 含量的控制 [$\leqslant 3\%$($V\%$)]。
(2) 干气中 C_5 组分含量的控制。
(3) 液化气中 C_5 组分含量的控制。
(4) 稳定汽油蒸汽压的控制。

事故案例

一、事故经过

2011 年 5 月 3 日,广州分公司 1# 催化裂化装置大修改造结束,转入开工阶段。5 月 9 日 16 时 48 分,反应提升管喷油。17 时 30 分,装置开始产出粗汽油。因吸收稳定系统正在调整,粗汽油自分馏塔顶回流罐经不合格线进污油罐。18 时 50 分,改进污油罐,随后发现机械呼吸阀声响很大,罐顶多处撕裂、罐底翘起。20 时 30 分,粗汽油开始进中间原料罐 G203。

5 月 10 日 13 时 10 分,储运部罐区操作人员发现罐(5000m³,内浮顶罐)附近可燃气体报警器报警,同时液位显示在 6.9~7.1m 之间波动,在操作室西侧二层平台看到此罐透气窗冒出大量油气。正在准备向调度汇报时现场发生闪爆,罐顶部通气管、罐壁透气窗处起火。操作人员迅速开启罐组消防喷淋并报火警,经消防队奋力扑救,13 时 25 分将火扑灭。事故造成在 2# 罐区防火堤外下风向路边休息、等待施工的深圳建安公司 4 名员工,以及路过的华穗工程公司(改制单位)3 名员工不同程度烧伤。其中深圳建安公司 1 名员工经抢救无效于 5 月 11 日死亡,2 人重伤,1 人轻伤。华穗工程公司 1 人重伤,2 人轻伤。

二、事故原因分析

这是一起典型的违章指挥、违章操作造成的责任事故。事故暴露出在装置改造设计、施工、开车、生产运行和现场安全管理等方面存在漏洞。

1. 直接原因

事故的直接原因是催化裂化装置开工过程中,由于系统脱水不及时,分馏塔一中回流在长达 18 个小时里一直建立不起来，吸收稳定系统因缺乏热源而无法正常运行，粗汽油中的液态烃组分无法分离。为避免放火炬，富气压缩机维持运行，期间产生的轻烃被间歇压送至粗汽油罐。由于持续时间长，粗汽油中含有的液态烃等轻组分从罐顶通气管、罐壁透气窗溢出并扩散，遇位于下风向防火堤外施工板房内的非防爆电器而引发闪燃。

2. 间接原因

(1) 仓促开车，准备不足，开车方案、应急预案不完善　广州分公司 1# 催化裂化按计划检修 2 个月，进行多产丙烯的 MIP-CGP 改造，包括增设外取热器、吸收稳定系统四塔更换等工作。检修过程中主要设备不能如期到货、水压试验不合格，现场临时设计修改多，同时施工质量不高，特别是分馏系统漏点较多，至 5 月 4 日装置开主风机时仍有动火项目，最终装置检修时间达到 78 天。装置边施工边开工，为事故发生埋下了隐患。

(2) 设计存在缺陷　粗汽油至吸收塔管线与不合格粗汽油外送管线间缺少隔断阀（改造前粗汽油至吸收塔管线设置有塔壁阀门，本次改造时取消，但没有设计替代措施），存在吸收塔内气体倒串至粗汽油不合格线的隐患。

(3) 操作人员操作不当　变更设计后对流程检查不到位。当粗汽油调节阀失灵、改副线阀控制时，没有意识到吸收塔气体会倒串，导致吸收塔气体倒串至污油罐，造成罐顶部多处撕裂、底部翘起。

(4) 没有认真吸取教训　污油罐损坏后，相关部门、单位没有引起足够重视，没有深入查找事故原因并采取相应防范措施，进而发生了更大事故。

(5) 现场管理存在漏洞　在装置已经开车、储罐正在进油，特别是粗汽油中含有大量液态烃等轻组分情况下，没有及时停止现场施工，没有采取区域警戒、隔离等防护措施，仍然安排在临近罐区进行施工，导致多人受到意外伤害。

技能提升　催化裂化装置仿真操作

一、训练目标

1. 熟悉催化裂化装置的工艺流程及相关流量、压力、温度等控制方法。
2. 掌握催化裂化装置开车前的准备工作、冷态开车及正常停车的步骤和常见事故的处理方法。

二、训练准备

1. 仔细阅读《催化裂化仿真实训系统操作说明书》，熟悉工艺流程及操作规范。
2. 熟悉仿真软件中各个流程画面符号的含义及操作方法；熟悉软件中控制组画面、手操组画面的内容及调节方法。

三、训练项目

1. 冷态开工操作。
2. 正常停工操作。
3. 紧急停车操作。
4. 事故处理操作。

思考训练

1. 为什么催化裂化过程能居石油二次加工的首位，是目前我国炼厂中提高轻质油收率和汽油辛烷值的主要手段？
2. 画出催化裂化装置原则流程图，并说明各部分的目的和作用。

3. 催化裂化的分馏塔与常压分馏塔相比有何异同点？
4. 催化裂化装置的主要操作变量有哪些？
5. 反应温度、反应压力改变对反应有何影响？如何控制？
6. 简单描述催化裂化装置反应再生系统的冷态开工过程。
7. 为什么说石油馏分的催化裂化反应是平行-顺序反应？
8. 催化裂化反应再生系统的影响因素有哪些？
9. 分子筛催化剂的担体是什么？它的作用是什么？

第三章 催化重整装置岗位群

工艺简介

现今对环保要求越来越高，对燃料油的要求也越来越高，比如对汽油总的要求趋势是高辛烷值和清洁。汽油按其用途分为车用汽油和航空汽油，按辛烷值划分牌号。我国车用汽油按其研究法辛烷值分为 90、93 和 97 三个牌号。中国在 2000 年已实现了汽油无铅化，汽油辛烷值在 90（RON）以上，其中的车用汽油（Ⅱ）主要的控制指标为：硫含量≤0.05%，苯含量≤2.5%，芳烃含量≤40%，烯烃含量≤35%。而目前我国催化裂化占比重最大，所以汽油以催化裂化汽油组分为主，其中烯烃和硫含量较高。怎样使汽油在加工中降低烯烃和硫含量的同时并保持较高的辛烷值是我国炼油厂生产清洁汽油所面临的主要问题，催化重整在解决这个矛盾中将发挥重要作用。催化重整汽油是高辛烷值汽油的重要组分，发达国家车用汽油组分中，催化重整汽油约占 30%。

石油不可再生，其最佳应用是达到效益最大化和再循环利用。催化重整的产品 BTX（苯、甲苯、二甲苯，简称 BTX）是一级基本化工原料，全世界所需的 BTX 有近 70% 是来自催化重整。氢气是炼厂加氢过程的主要原料，而重整副产氢气是廉价的氢气来源。

催化重整是在一定温度、压力、临氢和催化剂存在的条件下，使 $C_6 \sim C_{11}$ 石脑油（主要是直馏汽油）烃类结构发生重新排列，转变为富含芳烃的重整汽油并副产氢气的过程。催化重整是石油加工和石油化工的重要工艺之一，受到了广泛重视。

催化重整装置按其生产目的的不同可分为两类：一类用于生产高辛烷值汽油调和组分；另一类则用于生产芳烃。

一、生产高辛烷值汽油方案

以生产高辛烷值汽油为目的时，催化重整过程主要由原料预处理、重整反应和反应产物分离三部分构成（见图 3-1）。本章主要介绍生产高辛烷值汽油工艺主要岗位：原料预处理和重整反应岗位内容。

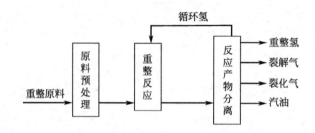

图 3-1 生产高辛烷值汽油的催化重整生产工艺方框流程图

二、生产轻芳烃方案

以生产轻芳烃为主要目的时，工艺流程有原料预处理、重整反应和芳烃分离。芳烃分离包括反应产物后加氢以使其中的烯烃饱和、芳烃溶剂抽提、混合芳烃精馏分离等几个单元过程（见图 3-2）。

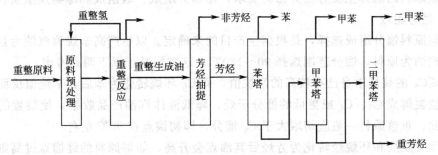

图 3-2　生产轻芳烃的催化重整生产工艺方框流程图

第一节　预处理岗位

【岗位任务】

1. 将重整原料油进行预处理，达到重整装置进料要求。
2. 平稳操作，保证装置长周期运转。
3. 保持设备的正常良好运行，加强设备的管理。

【典型案例】

重整原料预处理的目的是切取符合重整要求的馏分和脱除对重整催化剂有害的杂质及水分，满足重整原料的馏分、族组成和杂质含量的要求。重整原料的预处理由预分馏、预加氢、预脱砷和脱水等单元组成，其典型工艺流程如图 3-3 所示。

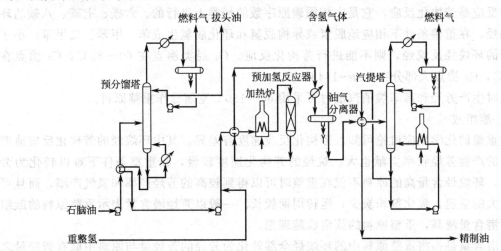

图 3-3　重整原料预处理工艺原则流程图

【工艺原理】

由于催化重整生产方案、选用催化剂不同及重整催化剂本身又比较昂贵和"娇嫩"，易被多种金属及非金属杂质中毒，而失去催化活性。为了提高重整装置运转周期和目的产品收率，则必须选择适当的重整原料并予以精制处理。

一、原料的选择

对重整原料的选择主要有三方面的要求，即馏分组成、族组成和毒物及杂质含量。

(一) 馏分组成

对重整原料馏分组成选择，是根据生产目的来确定。以生产高辛烷值汽油为目的时，一般以直馏汽油为原料，馏分范围选择 90~180℃，这主要基于以下两点考虑。

(1) ≤C_6 的烷烃本身已有较高的辛烷值，而 C_6 环烷转化为苯后其辛烷值反而下降，而且有部分被裂解成 C_3、C_4 或更低的低分子烃，降低液体汽油产品收率，使装置的经济效益降低。因此，重整原料一般应切取大于 C_6 馏分，即初馏点在 90℃ 左右。

(2) 因为烷烃和环烷烃转化为芳烃后其沸点会升高，如果原料的终馏点过高则重整汽油的干点会超过规格要求，通常原料经重整后其终馏点升高 6~14℃。因此，原料的终馏点则一般取 180℃。而且原料切取太重，则在反应时焦炭和气体产率增加，使液体收率降低，生产周期缩短。

另外，从全厂综合考虑，为保证航空煤油的生产，重整原料油的终馏点不宜大于 145℃。

以生产芳烃为目的时，则根据表 3-1 选择适宜的馏分组成。

表 3-1 生产各种芳烃时的适宜馏程

目的产物	适宜馏程/℃
苯	60~85
甲苯	85~110
二甲苯	110~145
苯-甲苯-二甲苯	60~145

不同的目的产物需要不同馏分的原料，这主要取决于重整的化学反应。在重整过程中，最主要的反应是芳构化反应，它是在相同碳原序数的烃类上进行的。六碳、七碳、八碳的环烷烃和烷烃，在重整条件下相应地脱氢或异构脱氢和环化脱氢生成苯、甲苯、二甲苯。小于六碳原子的环烷烃及烷烃，则不能进行芳构化反应。C_6 烃类沸点在 60~80℃，C_7 沸点在 90~110℃，C_8 沸点大部分在 120~144℃。

在同时生产芳烃和高辛烷值汽油时可采用 60~180℃ 宽馏分作重整原料。

(二) 族组成

从对重整的化学反应讨论可知，芳构化反应速度有差异，其中环烷烃的芳构化反应速度快，对目的产物芳烃收率贡献也大。烷烃的芳构化速度较慢，在重整条件下难以转化为芳烃。因此，环烷烃含量高的原料不仅在重整时可以得到较高的芳烃产率和氢气产率，而且可以采用较大的空速，催化剂积炭少，运转周期较长。一般以芳烃潜含量表示重整原料的族组成。芳烃潜含量越高，重整原料的族组成越理想。

芳烃潜含量是指将重整原料中的环烷烃全部转化为芳烃的芳烃量与原料中原有芳烃量之和占原料百分数（质量分数）。其计算方法如下：

芳烃潜含量(%) = 苯潜含量(%) + 甲苯潜含量(%) + C_8 芳烃潜含量(%)

苯潜含量(%) = C_6 环烷(%) × 78/84 + 苯(%)

甲苯潜含量(%) = C_7 环烷(%) × 92/98 + 甲苯(%)

C_8 芳烃潜含量(%) = C_8 环烷(%) × 106/112 + C_8 芳烃(%)

式中的 78、84、92、98、106、112 分别为苯、C_6 环烷、甲苯、C_7 环烷、C_8 芳烃和 C_8 环烷的分子量。

重整生成油中的实际芳烃含量与原料的芳烃潜含量之比称为"芳烃转化率"或"重整转化率"。

重整芳烃转化率（质量百分数）＝芳烃产率（质量百分数）/芳烃潜含量（质量百分数）

实际上，上式的定义不是很准确。因为在芳烃产率中包含了原料中原有的芳烃和由环烷烃及烷烃转化生成的芳烃，其中原有的芳烃并没有经过芳构化反应。此外，在铂重整中，原料中的烷烃极少转化为芳烃，而且环烷烃也不会全部转化成芳烃，故重整转化率一般都小于 100％。但铂铼重整及其他双金属或多金属重整，由于促进了烷烃的环化脱氢反应，使得重整转化率经常大于 100％。

重整原料中含有的烯烃会增加催化剂上的积炭，从而缩短生产周期，这是人们很不希望的。直馏重整原料一般含有的烯烃量极少，虽然我国目前的重整原料主要是直馏轻汽油馏分（生产中也称石脑油），但其来源有限，而国内原油一般重整原料油收率仅有 4％～5％，不够重整装置处理。为了扩大重整原料的来源，可在直馏汽油中混入焦化汽油、催化裂化汽油、加氢裂化汽油或芳烃抽提的抽余油等。裂化汽油和焦化汽油则含有较多的烯烃和二烯烃，可对其进行加氢处理。焦化汽油和加氢汽油的芳烃潜含量较高，但仍然低于直馏汽油。抽余油则因已经过一次重整反应并抽出芳烃，故其芳烃潜含量较低，因此用抽余油只能在重整原料暂时不足时作为应急措施。

（三）杂质含量

前面已经讨论过重整原料中含有少量的砷、铅、铜、铁、硫、氮等杂质会使催化剂中毒失活。水和氯的含量控制不当也会造成催化剂活性下降或失活。为了保证催化剂在长周期运转中具有较高的活性和选择性，必须严格限制重整原料中杂质含量，见表 3-2。

表 3-2 重整原料杂质的限制

杂质	铂重整/$(\mu g/g)$	双金属及多金属/$(\mu g/g)$	杂质	铂重整/$(\mu g/g)$	双金属及多金属/$(\mu g/g)$
砷	$<2\times 10^{-3}$	$<1\times 10^{-3}$	硫	<10	<1
铅	$<20\times 10^{-3}$	$<5\times 10^{-3}$	水	<20	<5
铜	$<10\times 10^{-3}$		氯		<5
氮	<1	<1			

二、重整原料的预处理

（一）预分馏

在预分馏部分，原料油经过精馏以切除其轻组分（拔头油）。生产芳烃时，一般只切小于 60℃ 馏分。而生产高辛烷值汽油时，切小于 90℃ 的馏分。原料油的干点通常均由上游装置控制，少数装置也通过预分馏切除过重分，使其馏分组成符合重整装置的要求。

（二）预加氢

预加氢的作用是脱除原料油中对催化剂有害的杂质，使杂质含量达到限制要求。同时也使烯烃饱和以减少催化剂的积炭，从而延长运转周期。

我国主要原油的直馏重整原料在未精制以前，氮、铅、铜的含量都能符合要求，因此加氢精制的目的主要是脱硫，同时通过汽提塔脱水。对于大庆油和新疆油，脱砷也是预处理的重要任务。烯烃饱和和脱氮主要针对二次加工原料。

1. 预加氢的作用原理

预加氢是在催化剂和氢压的条件下,将原料中的杂质脱除。

① 含硫、氮、氧等化合物在预加氢条件下发生氢解反应,生成硫化氢、氨和水等,经预加氢汽提塔或脱水塔分离出去。

② 烯烃通过加氢生成饱和烃。烯烃饱和程度用溴价或碘价表示,一般要求重整原料的溴价或碘价小于1g/100g油。

③ 砷、铅、铜等金属化合物在预加氢条件下分解成单质金属,然后吸附在催化剂表面。

2. 预加氢催化剂

预加氢催化剂在铂重整中常用钼酸钴或钼酸镍。在双金属或多金属重整中,开发了适应低压预加氢钼钴镍催化剂。这三种金属中,钼为主活性金属,钴和镍为助催化剂,载体为活性氧化铝。一般主活性金属含量为10%~15%,助催化剂金属含量为2%~5%。

(三) 预脱砷

砷不仅是重整催化剂最严重的毒物,也是各种预加氢精制催化剂的毒物。因此,必须在预加氢前把砷降到较低程度。重整反应原料含砷量要求在 1×10^{-9} g/g 以下。如果原料油的含砷量小于 100×10^{-9} g/g,可不经过单独脱砷,经过预加氢就可符合要求。

目前,工业上使用的预脱砷方法主要有三种:吸附法、氧化法和加氢法。

(1) 吸附法 吸附法是采用吸附剂将原料油中的砷化合物吸附在脱砷剂上而使其脱除。常用的脱砷剂是浸渍有5%~10%硫酸铜的硅铝小球。

(2) 氧化法 氧化法是采用氧化剂与原料油混合在反应器中进行氧化反应,砷化合物被氧化后经蒸馏或水洗除去。常用的氧化剂是过氧化氢异丙苯,也有用高锰酸钾的。

(3) 加氢法 加氢法是采用加氢预脱砷反应器与预加氢精制反应器串联,两个反应器的反应温度、压力及氢油比基本相同。预脱砷所用的催化剂是四钼酸镍加氢精制催化剂。

✈【操作规范】

一、预分馏

预分馏塔的主要任务是切除原料中轻组分(拔头油),以满足重整装置进料的馏分要求。预分馏塔的主要操作参数包括:塔底温度、塔顶温度、塔的压力和回流比。

二、预加氢

由于原料来源、组成及重整反应催化剂的要求不同,预加氢工艺操作条件应有变化,典型预加氢操作条件见表3-3。

表3-3 预加氢工艺操作条件

操作条件	直馏原料	二次加工原料
压力/MPa	2.0	2.5
温度/℃	280~340	<400
氢油比/(m³/m³)	100	500
空速/h⁻¹	4	2

三、预脱砷

脱砷塔的唯一操作变量是进料速度。通常,脱砷效率随空速提高而下降,因此,砷化物在脱砷塔内与脱砷剂接触时间缩短,使离开脱砷塔的脱砷油含砷量增高。

在脱砷塔中装入的脱砷剂量确定之后，进料空速应尽量在规定的范围内操作，以保证脱砷油稳定合格和吸附脱砷剂的使用寿命。

第二节 重整反应岗位

【岗位任务】

1. 平稳重整系统压力，控制好重整进料，保证重整反应温度不出现工艺要求以外的波动。
2. 控制好工艺操作参数，以达到反应效果。
3. 负责本岗位电脱盐系统工艺设备、管线、本岗位所属仪表控制阀的操作及检查。
4. 在操作条件变化或生产波动时，要多观察。做好巡回检查，发现问题要及时处理。
5. 保证装置长周期正常运转，做好设备维护。

【典型案例】

以生产高辛烷值汽油为目的的催化重整工艺流程主要包括原料预处理和反应（再生）两部分，其中反应（再生）部分按系统催化剂再生方式可分为固定床半再生、固定床循环再生和移动床连续再生。本节主要讨论反应（再生）部分工艺过程。

(一) 固定床半再生式重整工艺流程

固定床半再生式重整的特点是当催化剂运转一定时期后，由于活性下降而不能继续使用时，需就地停工再生（或换用异地再生好的或新鲜的催化剂），再生后重新开工运转，因此称为半再生式重整过程。

1. 典型的铂铼重整工艺流程

以用铂铼双金属催化剂半再生式重整反应工艺原理流程如图3-4所示。

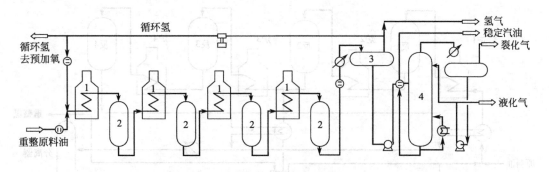

图3-4 铂铼双金属重整工艺流程图
1—加热炉；2—反应器；3—高压分离器；4—脱戊烷塔

经预处理的原料油与循环氢混合，再经换热、加热后进入重整反应器。典型的铂铼重整反应主要由三至四个绝热反应器串联，每个反应器之前都有加热炉，提供反应所需热量。反应器的入口温度一般为480～520℃，其他操作条件为：空速1.5～2h^{-1}；氢油比（体积分数）约1200∶1；压力1.5～2MPa；生产周期为半年至一年。表3-4列出铂铼重整操作条件及产品收率。

表 3-4 铂铼重整操作条件及产品收率

项　目	数　据	项　目	数　据
第一反应器入口温度/温降/℃	500/50.3	稳定汽油收率(质量分数)/%	85.5
第二反应器入口温度/温降/℃	500/44.2	芳烃产率(质量分数)/%	54.9
第三反应器入口温度/温降/℃	500/19.9	其中	
第四反应器入口温度/温降/℃	500/7.1	苯/%	6.8
加权平均床层温度/℃	490	甲苯/%	21.9
反应压力/MPa	1.78	二甲苯/%	19.8
油气分离器压力/MPa	1.49	重芳烃/%	6.4
催化剂型号	Pt-Re/Al_2O_3	芳烃转化率(质量分数)/%	120.1
空速(质量)/h^{-1}	2.04	纯氢产率(质量分数)/%	2.43
氢油摩尔比	7.3	循环氢纯度(体积分数)/%	85

自最后一个反应器出来的重整产物温度很高（490℃左右），为了回收热量而进入一大型立式换热器与重整进料换热，再经冷却后进入油气分离器，分出含氢85%~95%（体积分数）的气体（富氢气体）。经循环氢压缩机升压后，大部分送回反应系统作循环氢使用，少部分去预加氢部分。如果是以生产芳烃为目的的工艺过程，分离出的重整生成油进入脱戊烷塔，塔顶蒸出≤C_5的组分，塔底是含有芳烃的脱戊烷油，作为芳烃抽提部分的进料油。如果重整装置只生产高辛烷值汽油，则重整生成油只进入稳定塔，塔顶分出裂化气和液态烃，塔底产品为满足蒸气压要求的稳定汽油。稳定塔和脱戊烷塔实际上完全相同，只是生产目的不同时，名称不同。

2. 麦格纳重整工艺流程

麦格纳重整属于固定床反应器半再生式过程，其反应系统工艺流程如图 3-5 所示。

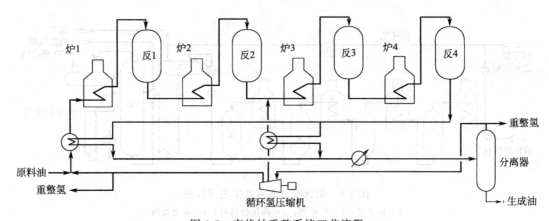

图 3-5 麦格纳重整系统工艺流程

麦格纳重整工艺的主要理念是根据每个反应器的特点，对主要操作条件进行优化。例如：将循环氢分为两路，一路从第一反应器进入，另一路则从第三反应器进入。在第一、二反应器采用高空速、较低反应温度及较低氢油比，这样可有利于环烷烃的脱氢反应，同时抑制加氢裂化反应。后面的1个或2个反应器则采用低空速、高反应温度及高氢油比，这样有利于烷烃脱氢环化反应。这种工艺的主要特点是可以得到较高的液体收率、装置能耗也有所降低。国内的固定床半再生式重整装置多采用此种工艺流程,也称作分段混氢流程。

固定床半再生式重整过程的工艺优点:工艺反应系统简单,运转、操作与维护比较方便,建筑费用较低,应用最广泛。缺点:由于催化剂活性变化,要求不断变更运转条件(主要是反应温度),到了运转末期,反应温度相当高,导致重整油收率下降,氢纯度降低,气体产率增加,而且停工再生影响全厂生产,装置开工率较低。随着双(多)金属催化剂的活性、选择性和稳定性得到改进,使其能在苛刻条件下长期运转,发挥了它的优势。

(二)连续再生式重整工艺流程

半再生式重整会因催化剂的积炭而被迫停工进行再生。为了能经常保持催化剂的高活性,在有利于芳构化反应条件下进行操作,并且随炼油厂加氢工艺的日益增多,需要连续地供应氢气。美国环球油公司(UOP)和法国石油研究院(IFP)分别研究和发展了移动床反应器连续再生式重整(简称连续重整)。主要特征是设有专门的再生器,催化剂在反应器和再生器内进行移动,并且在两器之间不断地进行循环反应和再生,一般每3~7天催化剂全部再生一遍。图3-6和图3-7分别显示了IFP和UOP连续重整反应系统流程。

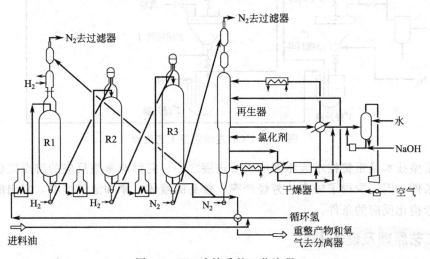

图3-6 IFP连续重整工艺流程

在连续重整装置,催化剂连续地依次流过串联的两个(或四个)移动床反应器,从最后一个反应器流出的待生催化剂含碳量为5%~7%(质量分数)。待生剂依靠重力和气体提升输送到再生器进行再生。恢复活性后的再生剂返回第一反应器又进行反应。催化剂在系统内形成一个循环。由于催化剂可以频繁地进行再生,可采用比较苛刻的反应条件,即低反应压力(0.35~0.8MPa)、低氢油摩尔比(1.5~4)和高反应温度(500~530℃)。其结果是更有利于烷烃的芳构化反应,重整生成油的辛烷值RON可高达100,液体收率和氢气产率高。

UOP和IFP连续重整采用的反应条件基本相似,都用铂锡催化剂。这两种先进技术都是成熟的。IFP连续重整的三个反应器则是并行排列,称为径向并列式连续重整工艺。催化剂在每两个反应器之间是用氢气提升至下一个反应器的顶部,从末端反应器出来的待生剂则用氮气提升到再生器的顶部。从外观来看,UOP连续重整的三个反应器是叠置的,称为轴向重叠式连续重整工艺。催化剂依靠重力自上而下依次流过各个反应器,从最后一个反应器出来的待生催化剂用氮气提升至再生器的顶部。在具体的技术细节上,这两种技术也还有一些各自的特点。

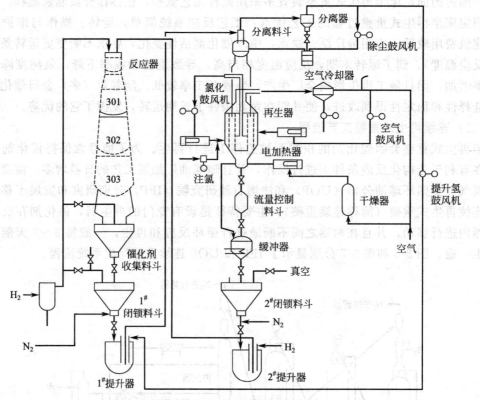

图 3-7 UOP 连续重整工艺流程

连续重整技术是重整技术近年来的重要进展之一。它针对重整反应的特点提供了更为适宜的反应条件，因而取得了较高的芳烃产率、较高的液体收率和氢气产率，突出的优点是改善了烷烃芳构化反应的条件。

【工艺原理及设备】

一、重整化学反应

在催化重整中发生一系列芳构化、异构化、加氢裂化和综合生焦等复杂的平行和顺序反应。

（一）芳构化反应

凡是生成芳烃的反应都可以叫芳构化反应。在重整条件下芳构化反应主要包括以下几种。

1. 六元环脱氢反应

2. 五元环烷烃异构脱氢反应

$$\text{1,2-二甲基环戊烷} \rightleftharpoons \text{甲基环己烷} \rightleftharpoons \text{甲苯} + 3H_2$$

3. 烷烃环化脱氢反应

$$n\text{-}C_6H_{14} \xrightarrow{-H_2} \text{环己烷} \rightleftharpoons \text{苯} + 3H_2$$

$$n\text{-}C_7H_{16} \xrightarrow{-H_2} \text{甲基环己烷} \rightleftharpoons \text{甲苯} + 3H_2$$

$$i\text{-}C_8H_{18} \rightleftharpoons \text{二甲苯(邻、间、对)} + 4H_2$$

芳构化反应的特点是：①强吸热，其中相同碳原子烷烃环化脱氢吸热量最大，五元环烷烃异构脱氢吸热量最小，因此，实际生产过程中必须不断补充反应过程中所需的热量；②体积增大，因为都是脱氢反应，这样重整过程可生产高纯度的富产氢气；③可逆，实际过程中可控制操作条件，提高芳烃产率。

对于芳构化反应，无论生产目的是芳烃还是高辛烷值汽油，这些反应都是有利的。尤其是正构烷烃的环化脱氢反应会使辛烷值大幅度地提高。这三类反应的反应速率是不同的：六元环烷的脱氢反应进行得很快，在工业条件下能达到化学平衡，是生产芳烃的最重要的反应；五元环烷的异构脱氢反应比六元环烷的脱氢反应慢很多，但大部分也能转化为芳烃；烷烃环化脱氢反应的速率较慢，在一般铂重整过程中，烷烃转化为芳烃的转化率很小。铂铼等双金属和多金属催化剂重整的芳烃转化率有很大的提高，主要原因是提高了烷烃转化为芳烃的反应速率。

（二）异构化反应

$$n\text{-}C_7H_{16} \rightleftharpoons i\text{-}C_7H_{16}$$

$$\text{甲基环戊烷} \rightleftharpoons \text{环己烷}$$

$$\text{对二甲苯} \rightleftharpoons \text{邻二甲苯}$$

在催化重整条件下，各种烃类都能发生异构化反应且是轻度的放热反应。异构化反应有利于五元环烷异构脱氢生成芳烃，提高芳烃产率。对于烷烃的异构化反应，虽然不能直接生成芳烃，但却能提高汽油辛烷值，并且由于异构烷烃较正构烷烃容易进行脱氢环化反应。因此，异构化反应对生产汽油和芳烃都有重要意义。

（三）加氢裂化反应

$$n\text{-}C_7H_{16} + H_2 \longrightarrow n\text{-}C_3H_8 + i\text{-}C_4H_{10}$$

$$\text{甲基环戊烷} + H_2 \longrightarrow CH_3-CH_2-CH_2-CH-CH_3$$
$$|$$
$$CH_3$$

$$\text{异丙苯} + H_2 \longrightarrow \text{苯} + C_3H_8$$

加氢裂化反应实际上是裂化、加氢、异构化综合进行的反应，也是中等程度的放热反应。由于是按正碳离子反应机理进行反应，因此，产品中<C_3的小分子很少。反应结果生成较小的烃分子，而且在催化重整条件下的加氢裂化还包含有异构化反应，这些都有利于提高汽油辛烷值，但同时由于生成小于 C_5 气体烃，汽油产率下降，并且芳烃收率也下降，因此，加氢裂化反应要适当控制。

（四）缩合生焦反应

在重整条件下，烃类还可以发生叠合和缩合等分子增大的反应，最终缩合成焦炭，覆盖在催化剂表面，使其失活。因此，这类反应必须加以控制，工业上采用循环氢保护，一方面使容易缩合的烯烃饱和，另一方面抑制芳烃深度脱氢。

二、重整催化剂的组成

工业重整催化剂分为两大类：非贵金属和贵金属催化剂。

非贵金属催化剂，主要有 Cr_2O_3/Al_2O_3、MoO_3/Al_2O_3 等，其主要活性组分多属元素周期表中第Ⅵ族金属元素的氧化物。这类催化剂的性能较贵金属低得多，目前工业上已淘汰。

贵金属催化剂，主要有 $Pt-Re/Al_2O_3$、$Pt-Sn/Al_2O_3$、$Pt-Ir/Al_2O_3$ 等系列，其活性组分主要是元素周期表中第Ⅷ族的金属元素，如铂、钯、铱、铑等。

贵金属催化剂由活性组分、助催化剂和载体构成。

（一）活性组分

由于重整过程有芳构化和异构化两种不同类型的理想反应。因此，要求重整催化剂具备脱氢和裂化、异构化两种活性功能，即重整催化剂的双功能。一般由一些金属元素提供环烷烃脱氢生成芳烃、烷烃脱氢生成烯烃等脱氢反应功能，也叫金属功能；由卤素提供烯烃环化、五元环异构等异构化反应功能，也叫酸性功能。通常情况下，把提供活性功能的组分又称为主催化剂。

重整催化剂的这两种功能在反应中是有机配合的，它们并不是互不相干的，应保持一定平衡。否则会影响催化剂的整体活性及选择性，研究表明：烷烃的脱氢环化反应可按图3-8所示过程进行。

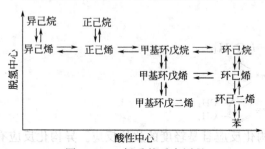

图 3-8 C_6 烃重整反应历程

由以上可以看出，在正己烷转化成苯的过程中，烃分子交替地在脱氢中心和酸性中心上起作用。正己烷转化为苯的总反应速度取决于过程中各个阶段的反应速度，而反应速度最慢的阶段起着决定作用（控制步骤）。因此，重整催化剂的两种功能必须适当配合，才能得到满意的结果。如果脱氢活性很强，则只能加速六元环烷烃的脱氢，而对五元环烷烃和烷烃的芳构化及烷烃的异构化促进不大，达不到提高芳烃产率和提高汽油辛烷值的目的。相反，如果酸性功能很强，则促进了异构化反应，加氢裂化也相对增加，而液体产物收率下降，五元环烷烃和烷烃生成芳烃的选择性下降，达不到预期的目的。因此，如何保证这两种功能得到适当的配合是制备重整催化剂和实际生产操作的一个重要问题。

从下面实验数据可进一步观察两种功能的配合，有两组催化剂：

A 组：铂含量保持不变，为 0.3%，氟含量从 0.05% 依次增加到 1.25%；

B 组：氟含量保持不变，为 0.77%，铂含量从 0.0125% 依次增加到 0.3%。

表 3-5 金属组分与酸性组分的相互关系

A 组:催化剂含铂 0.3%		B 组:催化剂含氟 0.77%	
氟含量/%	苯产率/%	铂含量/%	苯产率/%
0.05	25.0	0.0125	14.5
0.15	31.5	0.030	45.0
0.30	41.0	0.050	56.0
0.50	59.0	0.075	63.0
1.00	71.0	0.100	63.5
1.25	71.5	0.300	63.0

注：以甲基环戊烷为原料，反应条件在500℃，1.8MPa。

从表 3-5 中可以看出，A 组催化剂，随氟含量的增加，苯产率也增加，当氟含量大于 1% 时，苯产率增加趋缓，接近平衡转化率。由此可见，含氟小于 1% 时，甲基环戊烷脱氢异构生成苯的反应速度是由酸性功能控制的。对 B 组催化剂，催化剂中铂含量增加，苯产率增加。当铂含量大于 0.07%，产率增加不大。可见铂含量小于 0.07% 时，反应速度由催化剂的脱氢功能控制。

1. 铂

活性组分中所提供的脱氢活性功能，目前应用最广的是贵金属 Pt。一般来说，催化剂的活性、稳定性和抗毒物能力随铂含量的增加而增强。但铂是贵金属，其催化剂的成本主要取决于铂含量，研究表明：当铂含量接近于 1% 时，继续提高铂含量几乎没有益处。随着载体及催化剂制备技术的改进，使得分布在载体上的金属能够更加均匀地分散，重整催化剂的铂含量趋向于降低，一般为 0.1%～0.7%。

2. 卤素

活性组分中的酸性功能一般由卤素提供，随着卤素含量的增加，催化剂对异构化和加氢裂化等酸性反应的催化活性也增加。在卤素的使用上通常有氟氯型和全氯型两种。氟在催化剂上比较稳定，在操作时不易被水带走，因此氟氯型催化剂的酸性功能受重整原料含水量的影响较小。一般氟氯型新鲜催化剂含氟和氯约为 1%，但氟的加氢裂化性能较强，使催化剂的选择性变差。氯在催化剂上不稳定，容易被水带走，这也正好通过注氯和注水控制催化剂酸性，从而达到重整催化剂的双功能很好地配合。一般新鲜全氯型催化剂的氯含量为 0.6%～1.5%，实际操作中要求氯稳定在 0.4%～1.0%。

（二）助催化剂

助催化剂本身不具备催化活性或活性很弱，但其与主催化剂共同存在时，能改善主催化剂的活性、稳定性及选择性。近年来重整催化剂的发展主要是引进第二、第三及更多的其他金属作为助催化剂。一方面，减小铂含量以降低催化剂的成本，另一方面，改善铂催化剂的稳定性和选择性，把这种含有多种金属元素的重整催化剂叫双金属或多金属催化剂。目前，双金属和多金属重整催化剂主要有以下三大系列。

① 铂铼系列。与铂催化剂相比，初活性没有很大改进，但活性、稳定性大大提高，且容碳能力增强（铂铼催化剂容碳量可达 20%，铂催化剂仅为 3%～6%），主要用于固定床重整工艺。

② 铂铱系列。在铂催化剂中引入铱可以大幅度提高催化剂的脱氢环化能力。铱是活性组分，它的环化能力强，其氢解能力也强，因此在铂铱催化剂中常常加入第三组分作为抑制

剂，改善其选择性和稳定性。

③ 铂锡系列。铂锡催化剂的低压稳定性非常好，环化选择性也好，其较多地应用于连续重整工艺。

（三）载体

载体，也叫担体。一般来说，载体本身并没有催化活性，但是具有较大的比表面积和较好的机械强度，它能使活性组分很好地分散在其表面，从而更有效的发挥其作用，节省活性组分的用量，同时也提高催化剂的稳定性和机械强度。目前，作为重整催化剂的常用载体有 $\eta\text{-}Al_2O_3$ 和 $\gamma\text{-}Al_2O_3$。$\eta\text{-}Al_2O_3$ 的比表面积大，氯保持能力强，但热稳定性和抗水能力较差，因此目前重整催化剂常用 $\gamma\text{-}Al_2O_3$ 作载体。载体应具备适当的孔结构，孔径过小不利于原料和产物的扩散，易于在微孔口结焦，使内表面不能充分利用而使活性迅速降低。采用双金属或多金属催化剂时，操作压力较低，要求催化剂有较大的容焦能力以保证稳定的活性。因此这类催化剂的载体的孔容和孔径要大一些，这一点从催化剂的堆积密度可看出，铂催化剂的堆积密度约为 $0.65\sim0.8g/cm^3$，多金属催化剂则为 $0.45\sim0.68g/cm^3$。

三、重整反应器

重整反应器是催化重整过程的核心设备，按工艺的不同要求大致可分为半再生式重整装置和连续再生式重整装置。半再生式重整装置采用固定床反应器，连续再生式重整装置采用移动床反应器。

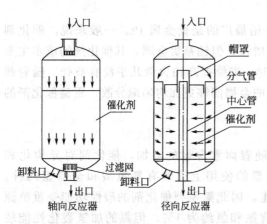

图3-9 轴向和径向反应器的简图

工业用固定床重整反应器主要有轴向式反应器和径向式反应器两种结构形式。它们之间的主要差别在于气体流动方式不同和床层压降不同。图3-9是轴向和径向反应器的简图。

对轴向反应而言，反应器为圆筒形，高径比一般略大于3。反应器外壳由20号锅炉钢板制成，当设计压力为4MPa时，外层厚度约40mm。壳体内衬100mm厚的耐热水泥层，里面有一层厚3mm的合金钢衬里。衬里可防止碳钢壳体受高温氢气的腐蚀，水泥层则兼有保温和降低外壳壁温的作用，为了使原料气沿整个床层截面分配均匀，在入口处设有分配头并设事故氮气线。油气出口处设有防止催化剂粉末带出的钢丝网。催化剂床层的上方和下方均装有惰性瓷球以防止操作波动时催化剂层跳动而引起催化剂破碎，同时也有利于气流的均匀分布。催化剂床层中设有呈螺旋形分布的若干测温点，以便监测整个床层的温度分布情况，这在再生时显得尤其重要。

与轴向式反应器比较，径向式反应器的主要特点是气流以较低的流速径向通过催化剂床层，床层压降较低，表3-6显示两种反应器的压力降情况。

表3-6 两种反应器的压力降　　　　　　　　　　　　单位：MPa

项目	第一反应器	第二反应器	第三反应器	第四反应器
径向反应器	0.1350	0.1604	0.1866	0.1989
轴向反应器	0.1782	0.2876	0.2642	0.4056

注：采用相同的反应条件，装置处理量 $15\times10^4 t/a$，压力1.8MPa，反应温度520℃，氢油体积比1200∶1，催化剂装量比例1∶1.5∶3.0∶4.5。

径向反应器的中心部位有两层中心管，内层中心管壁上钻有许多几毫米直径的小孔，外层中心管壁上开了许多矩形小槽。沿反应器外壳内壁周围排列几十个开有许多小的长形孔的扇形筒，在扇形筒与中心管之间的环形空间是催化剂床层。反应原料油气从反应器顶部进入，经分布器后进入沿壳壁布满的扇形筒内，从扇形筒小孔出来后沿径向方向通过催化剂床层进行反应，反应产物进入中心管，然后导出反应器。中心管顶上的罩帽是由几节圆管组成，其长度可以调节，用此调节催化剂的装入高度。另外，与轴向式反应器比较，径向式反应器结构复杂，制造、安装、检修都较困难，投资也较高。径向式反应器的压降比轴向式反应器小得多，这点对连续重整装置尤为重要。因此，连续重整装置的反应器都采用径向式反应器，而且其再生器也是采用径向式的见图 3-10。

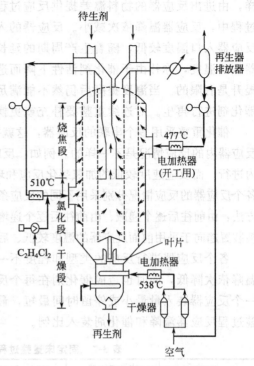

图 3-10　连续重整装置再生器简图

✱【操作规范】

一、重整反应部分正常操作

平稳重整系统压力，控制好重整进料，保证重整反应温度不出现工艺要求以外的波动；注意观察氢纯度，水含量的变化情况；提（降）量/提（升）温的操作必须先提量后提温，先降温后降量；注意控制重整生成油冷后温度以及气液分离罐液位，以防氢压机带油和燃料气带液；注意各反应床层压降变化；重整提、降量会涉及其他岗位的操作变化。因此，要相互配合进行，一般地要从物料平衡角度考虑，提、降量顺序如下：

重整提、降量—预加氢提、降量—预分馏塔提、降量。

提、降量要考虑几方面：预加氢、重整气液分离罐入口温度变化情况；因提、降量引起的产氢的增加或减少而造成 H_2 后路问题；预加氢、重整气液分离罐入口温度变化情况；各反应器的床层压降变化情况。

二、重整反应的主要操作参数

影响重整反应的主要因素主要有催化剂的性能、原料性质、工艺技术、操作条件和设备结构等。而实际生产过程中具备可调性主要是操作条件，重整反应的主要操作条件有反应温度、压力、氢油比和空速等。

1. 反应温度

提高反应温度不仅能使化学反应速度加快，而且对强吸热的脱氢反应的化学平衡也很有利，但提高反应温度会使加氢裂化反应加剧、液体产物收率下降，催化剂积碳加快及受到设备材质和催化剂耐热性能的限制，因此，在选择反应温度时应综合考虑各方面的因素。由于重整反应是强吸热反应，反应时温度下降，因此为得到较高的重整平衡转化率和保持较快的反应速度，就必须维持合适的反应温度，这就需要在反应过程中不断地补充热量。为此，重整反应器一般由三至四个反应器串联，反应器之间通过加热炉加热到所需的反应温度。这样,由进出反应器的物料温差提供反应过程所用的热量,这一温差称反应器温降,正常生产过程中,反应器温降依次减小。反应器的入口温度一般为480~520℃,使用新鲜催化剂时,反应器入口温度较低,随着生产周期的延长,催化剂的活性逐渐下降,采用逐渐提高各反应器入口温度,弥补由于催化剂活性下降而造成芳烃转化率或汽油辛烷值的下降。但是,这种提升是有限的。当温度提高后仍然不能满足实际生产要求时,固定床反应过程必须停工,对催化剂进行再生。对连续重整要补充或更换新鲜催化剂。

催化重整采用多个串联的反应器,这就提出了一个反应器入口温度分布问题。实际上各个反应器内的反应情况是不一样的。例如:反应速率较快的环烷脱氢反应主要是在前面的反应器内进行。而反应速度较低的加氢裂化反应和环化脱氢反应则延续到后面的反应器。因此,应当按各个反应器的反应情况分别采用不同的反应条件。在反应器入口温度的分布上曾经有过几种不同方法:由前往后逐个递减、由前往后逐个递增、几个反应器的入口温度都相同。近年来,多数重整装置趋向于采用前面反应器的温度较低、后面反应器的温度较高的由前往后逐个递增方案。

各个反应器进行反应的类型和程度不一样,也造成每个反应器的温降不同,结果是反应温降依次降低,同时也造成催化剂在每个反应器装入量或停留时间不同,一般是催化剂在第一个反应器装入量最小或停留时间最短,最后一个反应器与其相反。表3-7列出某固定床重整过程反应器温降和催化剂装入比例。

表3-7 固定床重整过程反应器温降和催化剂装入比例

项目	第一反应器	第二反应器	第三反应器	第四反应器	总 计
催化剂装入比例	1	1.5	3.0	4.5	10
温降/℃	76	41	18	8	143

由于催化剂床层温度是变化的,因此应用加权平均温度表示反应温度。所谓加权平均温度(或称权重平均温度),就是考虑到不同温度下的催化剂数量而计算到的平均温度,其定义如下:

$$加权平均进口温度 = \sum_{i=1}^{3-4} x_i T_{i入},(i_{max}=3 或 4)$$

$$加权平均床层温度 = \sum_{i=1}^{3-4} x_i \frac{T_{i入} + T_{i出}}{2},(i_{max}=3 或 4)$$

式中 x_i ——各反应器装入催化剂量占全部催化剂量的分率;

$T_{i入}$——各反应器的入口温度;

$T_{i出}$——各反应器的出口温度。

床层温度变化不是线性的,严格地讲,各反应器的平均床层温度不应是出、入口的算术平均值,而应是积分平均值或根据动力学原理计算得的当量反应温度。但由于后者不易求得,所以一般简单地用算术平均值。

2. 反应压力

提高反应压力对生成芳烃的环烷脱氢、烷烃环化脱氢反应都不利,但对加氢裂化反应却有利。因此,从增加芳烃产率的角度来看,希望采用较低的反应压力。在较低的压力下可以得到较高的汽油产率和芳烃产率,氢气的产率和纯度也较高。但是在低压下催化剂受氢气保护的程度下降,积炭速度较快,从而使操作周期缩短。选择适宜的反应压力应从以下三方面考虑。

第一,工艺技术。有两种方法:一种是采用较低压力,经常再生催化剂,例如采用连续重整或循环再生强化重整工艺;另一种是采用较高的压力,虽然转化率不太高,但可延长操作周期，例如采用固定床半再生式重整工艺。

第二，原料性质。易生焦的原料要采用较高的反应压力，例如高烷烃原料比高环烷烃原料容易生焦，重馏分也容易生焦，对这类易生焦的原料通常要采用较高的反应压力。

第三，催化剂性能。催化剂的容焦能力大、稳定性好，则可以采用较低的反应压力。例如铂铼等双金属及多金属催化剂有较高的稳定性和容焦能力，可以采用较低的反应压力，这样既能提高芳烃转化率，又能维持较长的操作周期。

综上所述，半再生式铂重整采用 2～3MPa，铂铼重整一般采用 1.8MPa 左右的反应压力。连续再生式重整装置的压力可低至约 0.8MPa，新一代的连续再生式重整装置的压力已降低到 0.35MPa。重整技术的发展就是围绕着反应压力从高到低的变化过程，反应压力已成为能反映重整技术水平高低的重要标志。

在现代重整装置中，最后一个反应器的催化剂通常占催化剂量的 50%。所以，选用最后一个反应器入口压力作为反应压力是合适的。

3. 空速

在石油化工工业中，对有催化剂参与的化学过程，一般情况下，固定床用空速、流化床用剂油比表示原料与催化剂的接触时间，又以接触时间间接地反映反应时间。连续重整设备是一种移动床，介于二者之间，情况比较复杂，在此不予多述。

重整空速以催化剂的总用量为准，定义如下：

$$质量空速 = \frac{原料油流量 (t/h)}{催化剂总用量 (t)}$$

$$体积空速 = \frac{原料油流量 (m^3/h, 20℃)}{催化剂总用量 (m^3)}$$

降低空速可以使反应物与催化剂的接触时间延长。催化重整中各类反应的反应速度不同，空速的影响也不同。环烷烃脱氢反应的速度很快，在重整条件下很容易达到化学平衡，空速的大小对这类反应影响不大；而烷烃环化脱氢反应和加氢裂化反应速度慢，空速对这类反应有较大的影响。所以，在加氢裂化反应影响不大的情况下，适当采用较低的空速对提高芳烃产率和汽油辛烷值有好处。

通常在生产芳烃时，采用较高的空速；生产高辛烷值汽油时，采用较低的空速，以增加反应深度，使汽油辛烷值提高。但空速较低增加了加氢裂化反应程度，汽油收率降低，导致氢消耗量和催化剂结焦增加。

选择空速时还应考虑到原料的性质和装置的处理量。对环烷基原料，可以采用较高的空速；而对烷基原料则采用较低的空速。空速越大，装置处理量越大。

4. 氢油比

氢油比常用两种表示方法，即：

$$氢油摩尔比 = \frac{循环氢流量 (kmol/h)}{原料油流量 (kmol/h)}$$

$$氢油体积比 = \frac{循环氢流量 (m^3/h, 标准状况)}{原料油流量 (m^3/h, 20℃)}$$

在重整反应中，除反应生成的氢气外，还要在原料油进入反应器之前混合一部分氢，这部分氢不参与重整反应，工业上称为循环氢。通入循环氢起如下作用。

第一，为了抑制生焦反应，减少催化剂上积炭，起到保护催化剂的作用。

第二，起到热载体的作用，减小反应床层的温降，使反应温度不致降得太低。

第三，稀释原料，使原料更均匀地分布于催化剂床层。

在总压不变时提高氢油比，意味着提高氢分压，有利于抑制生焦反应。但提高氢油比使循环氢量增加，压缩机动力消耗增加。在氢油比过大时，会由于减少了反应时间而降低了转化率。

由此可见，对于稳定性高的催化剂和生焦倾向小的原料，可以采用较小的氢油比；反之则需用较高的氢油比。铂重整装置采用的氢油摩尔比一般为5～8，使用铂铼催化剂时一般小于5，连续再生式重整小于1～3。

技能提升　半再生催化重整反应工段仿真操作

一、训练目标

1. 熟悉半再生催化重整反应工段的工艺流程及相关流量、压力、温度等控制方法。

2. 掌握半再生催化重整反应工段开车前的准备工作、冷态开车及正常停车的步骤和常见事故的处理方法。

二、训练准备

1. 仔细阅读《半再生催化重整反应工段仿真实训系统操作说明书》，熟悉工艺流程及操作规范。

2. 熟悉仿真软件中各个流程画面符号的含义及操作方法；熟悉软件中控制组画面、手操组画面的内容及调节方法。

三、训练项目

1. 冷态开工操作

①C201垫油；②重整系统循环干燥；③重整催化剂预硫化；④重整系统进油。

2. 正常停工操作

3. 事故处理操作

①长时间停电；②瞬时停电；③停循环水；④停除氧水；⑤重整进料泵停；⑥重整循环压缩机停；⑦F201炉管破裂；⑧稳定塔底泵抽空；⑨空气预热器故障；⑩C201塔进料中断；⑪汽包锅炉循环水泵故障；⑫燃料气中断事故。

思考训练

1. 为什么要对催化重整原料进行预处理？预处理的方法有哪些？
2. 催化重整的目的是什么？
3. 重整催化剂的双功能分别是什么？
4. 画出以生产芳烃为目的重整过程原则流程图，并说明各部分的目的和作用。
5. 催化重整反应过程为什么要采用氢气循环？
6. 影响重整反应过程的因素有哪些？这些因素如何影响最终产品的分布和收率？
7. 芳烃抽提由哪几部分构成？影响抽提过程的因素有哪些？
8. 芳烃精馏有何特点？生产中如何实现？
9. 重整催化剂为什么要进行氯化和更新？生产中如何进行？
10. "后加氢"、"循环氢"的作用各是什么？脱戊烷塔的作用是什么？

第四章　延迟焦化装置岗位群

工艺简介

延迟焦化是一种石油二次加工技术，也是石油焦化中的一种主要加工过程。该过程以贫氢的重质油（如减压渣油、裂化渣油等）为原料，在高温和长反应时间条件下，进行深度的热裂化和缩合反应的热加工过程，原料转化为富气、汽油、柴油、蜡油（重馏分油）和焦炭。它是目前世界渣油深度加工的主要方法之一，处理能力占渣油处理能力的1/3。延迟焦化是炼油厂提高轻质油收率和生产石油焦的主要手段，在我国炼油工业中发挥着重要的作用。

延迟焦化装置目前已能处理包括直馏（减黏、加氢裂化）渣油、裂解焦油和循环油、焦油砂、沥青、脱沥青焦油、澄清油以及煤的衍生物、催化裂化油浆、炼厂污油（泥）等60余种原料。该工艺过程所产生的气体含有较多的甲烷、乙烷以及少量的丙烯、丁烯等，可用作燃料或制氢原料；焦化汽油和焦化柴油安定性很差，其中不饱和烃、硫、氮等的含量都比较高，必须经过加氢精制等精制过程后方可作为发动机燃料；焦化蜡油主要作为加氢裂化或催化裂化的原料，也可作为调和燃料油；焦炭除了可用作燃料外，可用于高炉炼铁，也可用于制造炼铝、炼钢的电极等。图4-1是延迟焦化装置产品及走向。

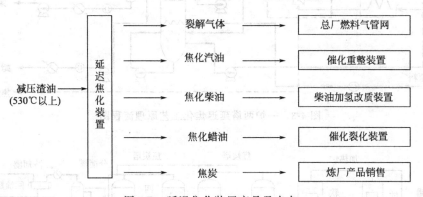

图 4-1　延迟焦化装置产品及走向

延迟焦化过程是现代化炼油厂中仅有的一种间歇-连续加工工艺。原料连续流经加热炉并加热到反应温度，在高流速、短停留时间的条件下，使原料基本不发生或只发生少量裂化反应就迅速离开加热炉，避免炉管结焦；原料进入其后绝热的焦炭塔内，借助于自身的热量，在"延迟"状态下进行裂化和生焦缩合反应，将结焦过程延迟到焦炭塔中进行，因此称之为"延迟焦化"过程。

典型的延迟焦化装置由焦化部分、分馏部分、放空部分和焦炭处理设施组成。就生产规模而言，有一炉两塔（焦炭塔）流程、两炉四塔流程等，在一个焦炭塔处于在线充焦时，另一个焦炭塔进行蒸汽吹扫、冷却、除焦、升压和暖塔操作。图4-2是常规延迟焦化流程示意图,图 4-3 是一炉两塔延迟焦化工艺原理流程图,图 4-4 是两炉四塔延迟焦化工艺原理流程图。

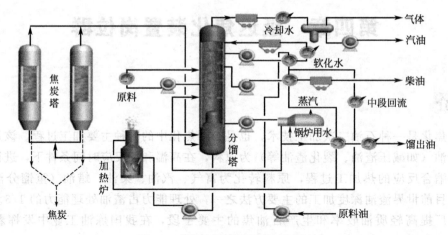

图 4-2 常规延迟焦化流程示意图

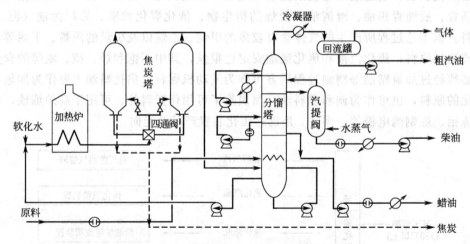

图 4-3 一炉两塔延迟焦化工艺原理流程图

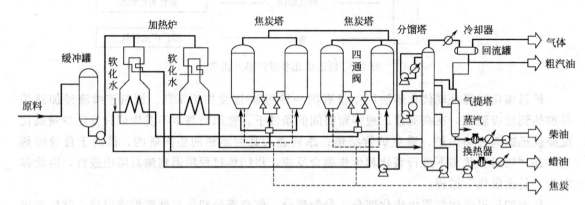

图 4-4 两炉四塔延迟焦化工艺原理流程图

原料油换热后(340~350℃)进入分馏塔下部,与来自焦炭塔顶部的高温油气(430~

440℃）换热，一方面加热原料油，将原料油中的轻质油蒸发出来，同时又淋洗高温油气中夹带的焦末，将过热的高温油气降至可进行分馏的温度。原料油和循环油一起从分馏塔的塔底抽出，用热油泵送至加热炉辐射室炉管，快速加热到500℃左右，然后经过两个四通阀进入焦炭塔底部。热的原料油在焦炭塔内进行裂解、缩合等反应，最后生成焦炭。焦炭聚集在焦炭塔内，反应油气自焦炭塔顶部逸出，进入分馏塔，与原料油换热后，经过分馏得到气体、粗汽油、柴油、蜡油和循环油。

延迟焦化车间主要生产岗位有反应岗位（加热炉岗位、焦炭塔岗位）、分馏岗位、吸收稳定岗位、脱硫岗位等，在生产中各岗位必须严格按照岗位操作规范进行操作，以确保生产的正常进行。图4-5是延迟焦化的现场图。

图4-5　延迟焦化现场图

第一节　加热炉岗位

【岗位任务】

1. 将焦化原料油在炉管里加热到焦化反应所需要的温度，并迅速离开炉管，使焦化反应推迟到焦炭塔内进行。
2. 平稳操作，保证加热炉长周期运转，努力降低燃料的单耗，不断提高加热炉的热效率。
3. 保持鼓、引风机的正常良好运行，加强空气预热器的管理。
4. 定期检查炉管壁温、压降、炉架、炉墙、衬里等，发现结焦等问题及时处理。

【典型案例】

图4-6所示为延迟焦化仿真系统加热炉仿真DCS图。自常减压装置来的减压渣油（130℃）进装置后，送经原料-柴油及回流换热器（E101A/B/C/D）、原料-轻蜡油换热器（E102A/B）、原料-中段回流换热器（E103）、原料-重蜡油及回流换热器（E104）换热后与焦化分馏塔底循环油混合后，在335℃进入加热炉进料缓冲罐（V102），然后由加热炉进料泵（P102A/B）升压后进入加热炉（F101）对流室，经对流段加热到430℃左右，进入辐射段

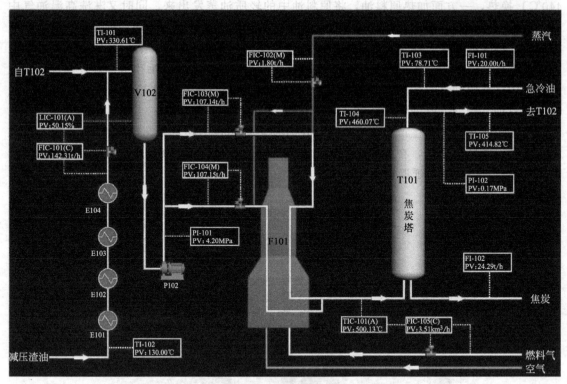

图 4-6 延迟焦化加热炉仿真 DCS 图

加热炉进料经加热炉辐射段加热至 500℃ 左右，出加热炉经过四通阀进入焦炭塔（T101A/B）底部。

【工艺原理及设备】

一、延迟焦化加热炉作用

焦化加热炉是利用燃料燃烧放出的热量，通过炉管将炉内迅速流动的油品加热至 500℃ 左右高温的热力设备，是焦化装置的关键设备。

加热炉工作主要包括两个同时进行的过程，其一是燃料在炉膛内燃烧后不断放出热量，燃烧产生的高温烟气通过热传播将热量传递给加热炉受热面，然后通过烟道由烟囱排出；其二是加热炉受热面将吸收的热量传递给受热面内的油品，使油品受热升温，通过控制调节，达到生产需要的温度后送往焦炭塔。因此，要求加热炉内有较高的传热速率以保证在短时间内给油提供足够的热量，同时要求提供均匀的热场，防止局部过热引起炉管结焦。为此，延迟焦化通常采用无焰炉。

二、延迟焦化加热炉结构

焦化加热炉由辐射室、对流室、燃烧器、烟囱及烟气余热回收系统等几部分构成。延迟焦化加热炉现场图见图 4-7。

辐射室为焦化加热炉的主要传热部位，其吸热量约为总吸热量的 65%～75%，而在辐射室内约 80% 以上的热量是由热辐射来完成，其余部分是由高温烟气和炉管的对流传热来完成，因此良好的辐射炉管布置对均匀地吸收辐射热量是非常重要的。

按照辐射室形状分，焦化加热炉可分为立式炉、箱式炉和阶梯炉；按照辐射管受热方式

图 4-7 延迟焦化加热炉现场图

分,焦化加热炉可分为单面辐射炉和双面辐射炉;按照辐射室内炉膛数量分,焦化加热炉可分为单室炉、双室炉及多室炉。

焦化装置循环比在 0.2～0.4 范围内,焦化加热炉可根据装置处理量的大小选择不同的炉型。推荐设计炉型见表 4-1。

表 4-1 焦化加热炉推荐炉型

焦化装置处理量 /(万吨/年)	小于 30	30～60	60～120
单面辐射炉	单室 2 管程水平管立式炉	单室 2 管程水平管立式炉	双室 4 管程水平管箱式炉
双面辐射炉	单室 1 管程水平管立式炉; 单室 1 管程水平管阶梯炉	单室 2 管程水平管箱式炉; 双室 2 管程水平管箱式炉; 双室 2 管程水平管阶梯炉	4 室 4 管程水平管箱式炉; 4 室 4 管程水平管阶梯炉

对流室也是焦化加热炉的传热部位之一。在对流室内高温烟气主要以对流的方式将热量传给炉管内的介质,也有很小一部分靠烟气及炉墙的辐射传热。如果一个加热炉只有辐射室而无对流室,则排烟温度很高,导致能源浪费,操作费用增加,经济效益降低。为此,在设计加热炉时,通常都要设置对流室,以便能充分回收烟气中的热量。

燃烧器类型及性能对焦化炉操作的好坏有着极其重要的作用。为满足炉管表面热强度及烟气温度沿炉膛高度方向上分布的均匀性,其火焰高度应在炉膛高度的 1/3。为满足炉管表面热强度及烟气温度沿炉管长度方向上分布的均匀性,采用小能量的扁平火焰的气体燃烧器较为合适。

余热回收系统是利用出对流室的烟气来预热燃烧空气,降低最终的排烟温度。其设计热效率一般在 90% 以上。国内目前所有的焦化加热炉均设置了余热回收系统,一般由空气预热器、风机、吸风口及烟风道组成,根据空气预热器布置位置可分为上置式和下置式两种,见图 4-8 和图 4-9。

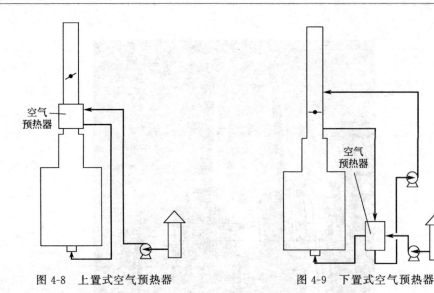

图 4-8 上置式空气预热器　　　图 4-9 下置式空气预热器

【操作规范】

焦化加热炉是延迟焦化装置的核心单元设备。决定了装置规模、操作周期及经济效益。控制焦化炉炉管结焦速率低是确保延迟焦化装置长周期运行的基础。在此基础上确保焦化加热炉把工艺介质加热到特定的炉出口温度，供给介质升温、部分汽化和反应所需要的热量，增加馏分油产率，减少装置的焦炭产率，从而使该工艺过程获得较好的经济效益。因此良好的加热炉操作是延迟焦化装置实施"长、满、安、稳、优"生产的技术关键之一。

一、加热炉出口温度控制

1. 影响因素
① 辐射进料量及温度的变化；
② 瓦斯压力及组成的变化；
③ 炉膛温度变化；
④ 注汽量变化；
⑤ 仪表失灵。

2. 调节方法
① 首先稳定辐射进料流量和温度，稳定注汽压力；
② 要立即分析出造成瓦斯压力波动的原因并消除，观察瓦斯压力，放掉管线凝油，调整脱硫操作，加强平稳操作；
③ 炉火燃烧不好，首先调整火焰，发现火嘴系统堵塞应拆卸修理、也可适当调整风门，保证燃料完全燃烧，注意配风不要过大，以免火嘴缩火；
④ 注气量发生波动后，注意查找是仪表问题，还是管路、压力问题，问题查清后，针对原因进行调节；
⑤ 出口温度自控失灵，将自动改为手动或改副线处理仪表，仪表修理投用后，注意使控制参数调节与修表前无大变化。

二、加热炉的烧焦操作

1. 烧焦前的准备工作
① 辐射对流炉管吹扫完毕撤压；

② 拆下四通阀前短管，检查结焦情况后，接好烧焦弯头。

2. 炉管注水洗盐

① 向炉管内注新鲜水洗盐；

② 提高洗盐效果应由烧焦线适当配汽进行热水洗盐，水温 80~100℃；

③ 炉管严重结焦时，注水洗盐必须在炉膛温度低于 300℃ 时进行，以防炉管堵塞，并保持每小时切换一次火嘴；

④ 视炉管洗盐排水情况，决定洗盐时间长短，每隔一小时停水，用蒸气吹扫一次。

3. 炉管烧焦

① 联系调度，动力保持供风压力不低于 0.4MPa；

② 炉管从对流分支处给汽，经辐射管通向烧焦罐放空；

③ 过热蒸汽线通蒸汽保护；

④ 以上工作完成后，按程序点炉。点火后保持炉膛温度 200℃ 左右，恒温 1h；

⑤ 炉膛升温速度指标：400℃ 之前，100℃/h；400~600℃，80℃/h；

⑥ 膛温度达 550℃，开启通风，同时适当减少通汽，注意配风、配汽量，观察炉管温度变化及排烟温度情况；

⑦ 炉膛温度在能保证管内焦炭燃烧的情况下，应尽量控制低一点，正常烧焦炉膛温度小于 600℃，最高不超过 800℃；

⑧ 炉管内焦炭燃烧后，应随时检查排烟情况和炉管颜色。

4. 降温停炉，检查烧焦效果

① 烧焦完毕，蒸汽吹扫，炉膛温度以 80℃/h 速度降温；

② 当炉膛温度降至 300℃ 时，加热炉熄火、停风机，使加热炉自然降温，炉膛温度降至 250℃ 时，停止向炉管内注汽，改注水，冲洗炉管，并配入适量蒸汽；

③ 炉管 4~5h 的冲洗后，停止注水，用蒸汽扫净炉管内存水，停止过热蒸汽给汽，拆下烧焦弯头，检查烧焦效果；

④ 检查烧焦合格后，接好四通阀前短管，投入备用状态。

第二节 焦炭塔岗位

【岗位任务】

1. 按生产周期进行焦炭塔的准备、切换、处理和操作，正确操作四通阀，给汽封。

2. 控制好焦炭塔顶温、压力、生焦高度，以防止油气线结焦；控制好接触冷却塔温度、压力、液位、回流，保证各放空、安全阀泄压安全排入本系统。

3. 做好对外联系工作，严格控制出装置油温≤100℃，保证甩油正常。

4. 为焦炭塔提供合格的冷焦水，做好冷焦水回收、除油、冷却、循环使用等工作。

5. 负责本岗位所有设备的维护、保养，按照规定时间、路线、检查内容进行巡检，发现异常情况要及时向班长汇报，妥善处理。

【典型案例】

图 4-10 是迟焦化焦炭塔仿真 DCS 图。高温进料在高温和长停留时间的条件下，在焦炭塔内进行一系列热裂解和缩合等反应，生成焦炭和高温油气。高温油气自焦炭塔顶至分馏塔

下段，经过洗涤板从蒸发段上升进入集油箱以上分馏段，分馏出富气、汽油、柴油和蜡油馏分，焦炭聚集在焦炭塔内沉积生焦。

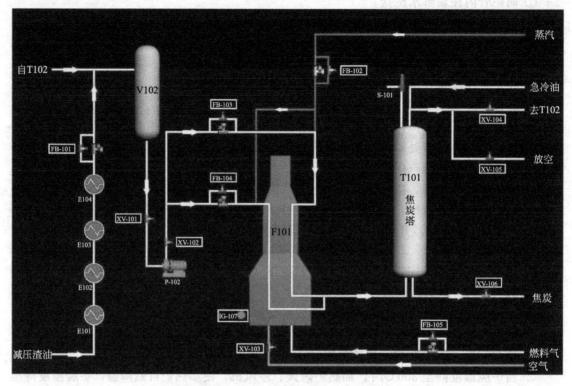

图 4-10　延迟焦化焦炭塔仿真 DCS 图

图 4-11 是延迟焦化装置两焦炭塔仿真 PI&D 图。当焦炭塔内的焦炭聚结到一定高度时停止进料，进行切换，通过四通阀将原料切换到另一个焦炭塔内进行生焦。

切换后，原来的塔用 1.0MPa 蒸汽进行小吹汽，将塔内残留油气吹至分馏塔，保护中心孔、维持延续焦炭塔内的反应，然后再改为大吹汽。焦炭塔在大吹汽完毕后，由冷焦水泵抽冷焦水送至焦炭塔进行冷焦。当焦炭塔顶温度降至 70℃ 以下，冷焦完毕，停冷焦水泵，塔内存水经放水线放净，塔内保证微正压，焦炭塔移交除焦班除焦。

除焦班以高压水（约 120MPa）将焦炭塔内焦炭清除出焦炭塔。除焦完毕，将空塔上好顶、底盖后，再对焦炭塔进行赶空气、蒸汽试压、预热。当焦炭塔底温度预热至 330℃ 左右，恒温约 1h，焦炭塔就可转入下一轮生焦生产。

【工艺原理及设备】

一、延迟焦化主要化学反应

延迟焦化属于油品的热加工过程，所处理的原料是石油的重质馏分或重、残油等，它们的组成复杂，是各类烃和非烃的高度复杂混合物。在受热时，首先反应的是那些对热不稳定的烃类，随着反应的进一步加深，热稳定性较高的烃类也会进行反应。烃类在加热条件下的反应基本上可分为两个类型，即裂解与缩合（包括叠合）。裂解产生较小的分子为气体，缩合则朝着分子变大的方向进行，高度缩合的结果便产生胶质、沥青质乃至最后生成碳氢比很高的焦炭。

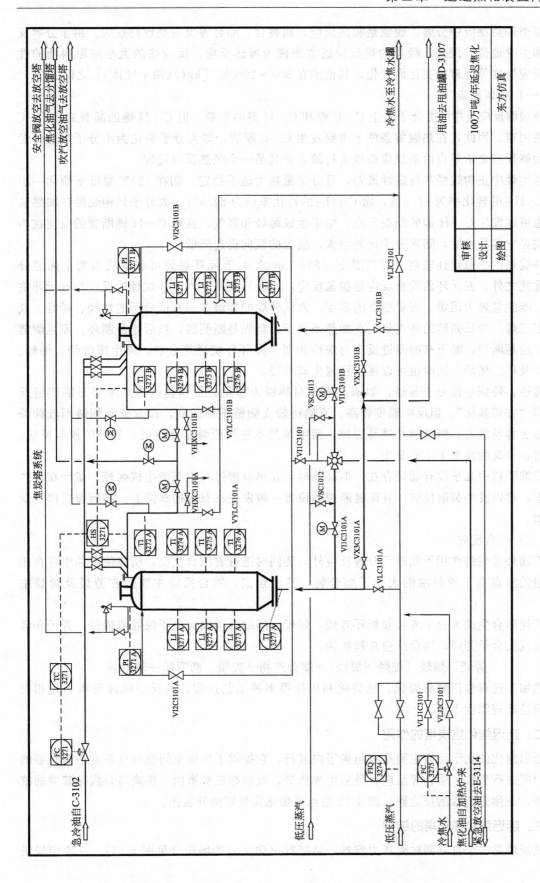

图 4-11 延迟焦化装置焦炭塔仿真PID图

烃类的热反应中分解、脱氢是吸热反应，而叠合、缩合等反应是放热反应。由于分解反应占据主导地位，因此，烃类的热反应通常表现为吸热反应。反应热的大小随原料油的性质、反应深度等因素的变化而变化，其范围在 500～2000kJ/[kg(汽油+气体)] 之间。

（一）裂解反应

热裂解反应是指烃类分子发生 C—C 键和 C—H 键的断裂，但 C—H 键的断裂要比 C—C 键断裂困难，因此，在热裂解条件下主要发生 C—C 断裂，即大分子裂化为小分子反应。烃类的裂解反应是依照自由基反应机理进行的，并且是一个吸热反应过程。

各类烃中正构烷烃热稳定性最差，且分子量越大越不稳定。如在 425℃ 温度下裂化一小时，$C_{10}H_{22}$ 的转化率为 27.5%，而 $C_{32}H_{66}$ 的转化率则为 84.5%。大分子异构烷烃在加热条件下也可以发生 C—H 键的断裂反应，结果生成烯烃和氢气。这种 C—H 键断裂的反应在小分子烷烃中容易发生，随着分子量的增大，脱氢的倾向迅速降低。

环烷烃的热稳定性较高，在高温下（575～600℃）五元环烷烃可裂解成为两个烯烃分子。除此之外，五元环的重要反应是脱氢反应，生成环戊烯。六元环烷烃的反应与五元环烷相似，唯脱氢较为困难，需要更高的温度。六元环烷的裂解产物有低分子的烷烃、烯烃、氢气及丁二烯。带长侧链的环烷烃，在加热条件下，首先是断侧链，然后才是断环。而且侧链越长，越易断裂，断下来的侧链反应与烷烃相似。多环环烷烃热分解，可生成烷烃、烯烃、环烯烃及环二烯烃，同时也可以逐步脱氢生成芳烃。

芳烃，特别是低分子芳烃，如苯及甲苯对热极为稳定。带侧链的芳烃主要是断侧链反应，即"去烷基化"，但反应温度较高。直侧链较支侧链不易断裂，而叔碳基侧链则较仲碳基侧链更容易脱去。侧链越长越易脱掉，而甲苯是不进行脱烷基反应的。侧链的脱氢反应，也只有在很高的温度下才能发生。

直馏原料中几乎没有烯烃存在，但其他烃类在热分解过程中都能生成烯烃，烯烃在加热条件下，可以发生裂解反应，其碳链断裂的位置一般发生在双键的 β 位上，其断裂规律与烷烃相似。

（二）缩合反应

石油烃在热的作用下除进行分解反应外，还同时进行着缩合反应，所以使产品中存在相当数量的沸点高于原料油的大分子缩合物，甚至焦炭。缩合反应主要是在芳烃及烯烃中进行。

芳烃缩合生成大分子芳烃及稠环芳烃，烯烃之间缩合生成大分子烷烃或烯烃，芳烃和烯烃缩合成大分子芳烃，缩合反应总趋势为：

芳烃，烯烃（烷烃→烯烃）→缩合产物→胶质、沥青质→炭青质

热加工过程包括减黏裂化、热裂化和焦化等多种工艺过程，其反应机理基本上是相同的，只是反应深度不同。

二、延迟焦化焦炭塔的作用

延迟焦化的化学反应主要是在焦炭塔内进行，它提供了反应空间使油气在其中有足够的停留时间进行裂解、缩合等反应，最后生成焦炭，聚结在焦炭塔内。焦炭塔是焦化装置的核心设备，是焦化装置的反应器。图 4-12 是延迟焦化焦炭塔的外貌图。

三、延迟焦化焦炭塔的结构

焦炭塔是一个直立圆柱壳压力容器，是进行焦化反应的场所（见图 4-13）。一般焦炭塔

图 4-12 焦炭塔外貌图

的高度在 30m 以下为宜,太高则操作时易产生振动或损坏塔壁,又浪费钢材。

塔的顶部是球形或椭圆形封头,设有除焦口、油气出口;塔侧设有料面指示计口,随着油料的不断引入,焦层逐渐升高,为了防止泡沫层冲出塔顶而引起后部管线和分馏塔的堵塞,在焦炭塔的不同高度位置,装有能监测焦炭高度的料位计;塔底部为锥形,锥体底端为排焦口,正常生产时用法兰盖封死,排焦时打开。

四、焦炭塔的除焦

焦炭塔一般是两台一组,延迟焦化装置有的是一组,有的是两组焦炭塔。在每组塔中,一台塔在反应生焦时,另一台塔则处于处理阶段。即当一台塔内焦炭积聚到一定高度时,进行切换,通过四通阀将原料油切换进另一个焦炭塔。原来的塔则用水蒸气汽提,再通入冷却水使焦炭冷却到 70℃左右,开始除焦。

除焦采用高压水,高压水压力达 14.8~35MPa,压力值取决于塔径的大小。除下的焦炭落入焦池,同时用桥式起重抓斗经皮带输送到别处存放或装车外运。装置所

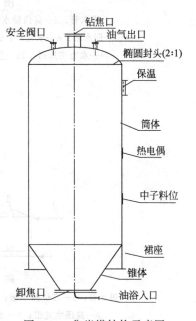

图 4-13 焦炭塔结构示意图

产的气体和汽油,分别用气体压缩机和泵送入稳定吸收系统进行分离,得到干气及液化气,并使汽油的蒸气压合格。柴油需要加氢精制,蜡油可作为催化裂化及加氢裂化原料或燃料油。

1. 除焦原理

由高压水泵输送的高压水,经过水龙带、钻杆到水力切焦器的喷嘴,从水力切焦器喷嘴喷出的高压水形成高压射流,借高压射流的强大冲击力将石油焦切割下来,使之与水一起由塔底流出。

水力切焦器安装在一根钻杆的末端,钻杆不断地升降和转动,在焦炭塔内由上而下地切割焦层,直到把焦炭塔内石油焦全部除净为止。

2. 除焦装置

水力除焦装置有两种形式：有井架除焦装置和无井架除焦装置，见图 4-14 和图 4-15。近年来多采用无井架水力除焦方法，利用可缠绕在一个转鼓上的高压水龙带来代替井架和长的钻杆。

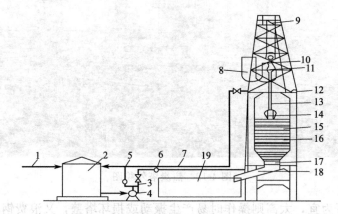

图 4-14 有井架水力除焦装置示意图

1—进水管；2—高位储水罐；3—泵出口管；4—高压水泵；5—压力表；6—水流量表；
7—回水管；8—水龙带；9—天车；10—水龙头；11—风动马达；12—绞车；13—钻杆；
14—水力切焦器；15—焦炭塔；16—焦炭；17—保护筒；18—28°溜槽；19—储焦场

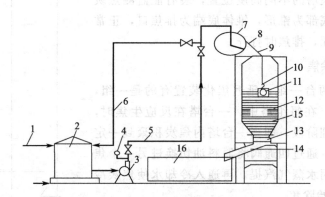

图 4-15 无井架水力除焦装置示意图

1—进水管；2—高位储水罐；3—高压水泵；4—压力表；5—水流量表；6—回水管；7—滚筒；
8—高压水龙带；9—水龙带导向装置；10—水力涡轮旋转器；11—水力切焦器；
12—焦炭塔；13—保护筒；14—28°溜槽；15—焦炭；16—储焦场

【操作规范】

一、焦炭塔新塔赶空气、试压

① 检查新塔上、下塔盖和进料法兰是否上紧。
② 打开呼吸阀，改好吹汽流程：新塔底→新塔顶→呼吸阀排空。
③ 蒸汽脱好水后，缓慢打开小给汽阀，赶新塔内空气，见汽后继续吹扫 15～20min。
④ 新塔内空气赶尽后，关闭呼吸阀，进行新塔试压，压力为 0.22MPa。
⑤ 给汽达到试验压力后，关闭给汽阀，进行管线、上、下塔盖法兰检查。
⑥ 试压完成后，进行排汽脱水，撤压时应缓慢泄压，泄压速度不大于 0.1MPa/h，切忌

太快，以免损坏容器。当压力降至 0.05MPa 时，关闭呼吸阀，打开放水阀放水。

⑦ 水放净后，关闭放水阀。维持塔内微正压。

二、焦炭塔瓦斯预热

① 检查确认新塔内存水已放净。

② 缓慢打开新塔去分馏塔的大油气线阀，将老塔油气引入新塔，注意新塔压力上升情况。

③ 引入油气后，逐渐开大去新塔的油气隔断阀，但必须注意老塔压力下降≤0.02MPa，防止分馏塔油气量下降太快热量不足。

④ 待新塔压力接近老塔压力并不再上升后，全开新塔油气隔断阀，瓦斯引入甩油罐。

⑤ 瓦斯循环预热时，应保持分馏塔油气入口温度≥400℃，分馏塔底温度≥320℃，加热炉不超负荷。

⑥ 缓慢关小焦炭塔顶油气去分馏塔的总阀，但是要密切注意两塔压力变化。

⑦ 油气循环过程中，应注意检查新塔顶、底盖和进料线法兰有无泄漏，需要时应及时联系热紧处理。

⑧ 循环预热后，注意甩油罐液面，见液面10%后，及时甩油去污油罐。

⑨ 换塔前 1h，新塔顶温度达到 380℃以上，塔底温度达 330℃以上。

三、焦炭塔切换四通阀、换塔

① 确认新塔底部油甩净后，由班长通知其他岗位操作员，配合换塔。

② 全开大油气线总阀，确认塔底无油后，立即关第一道甩油阀，全开新塔底部进料阀，并用短节吹扫蒸汽试通。由班长和一名操作员将四通阀从老塔切换至新塔。

③ 切换成功后，停注老塔急冷油。

四、焦炭塔老塔处理

1. 小量吹汽

① 换塔后，立即由四通阀后蒸汽线及入口隔断阀后蒸汽线向老塔吹汽，赶瓦斯至分馏塔；

② 关闭老塔进料阀，停四通阀后给汽，改为进料阀后小给汽赶瓦斯；

③ 小吹汽时间一般为 1h，注意吹气量不得过大（6.0t/h），以防分馏塔冲塔。

2. 大量吹汽

① 关闭老塔去分馏塔隔断阀，同时打开老塔吹汽放空阀，注意吹汽放空系统的操作，防止老塔憋压；

② 和调度联系，确认后，开始大吹汽。打开大给汽阀，大量吹汽量一般为 20t/h 左右和 2h；

③ 老塔放空后，新塔顶温超过 420℃，开始注入急冷油。

3. 给水冷焦

① 改好给水流程，启动冷焦水泵；

② 关闭大给汽，稍开小给汽，以汽带水，当确认水已给进焦炭塔后，关闭给汽；

③ 给水时，应注意生产塔进料温度、防止冷焦水串至生产塔；

④ 给水量由小至大，以防超压，小量给水期间，必须有专人监控好焦炭塔压力，既不得超压，也不得因害怕超压而将水量调得过低而延误冷焦。要求小量给水期间，老塔顶压力

应控制在 0.16MPa；

⑤ 当增大冷焦水量，塔顶压力不再上升时，即可实施大量给水；当塔顶温度低于 130℃，压力低于 0.02MPa 时，由吹汽放空系统改成溢流线，打开老塔溢流阀，关闭放空阀，严禁水进入放空系统；

⑥ 给水冷焦时间一般为 4h 左右，当塔顶温度为 75℃ 时，停泵。

4. 放水

① 放水前应全开呼吸阀。由塔底放水阀进行放水；

② 如放水不畅，应及时用汽贯通；

③ 放水时，注意老塔压力变化、呼吸阀进气情况，防止放水量过大、塔内出现真空区、引起塌焦。放水时间一般控制在 1.5h。

五、除焦

① 水放净后，向除焦班交清老塔情况；

② 卸顶底盖，准备除焦，除焦完毕后，用蒸汽吹扫老塔进料线。

第三节 分馏岗位

【岗位任务】

1. 给原料与焦炭塔来的高温油气换热提供场所，将焦炭塔来的高温油气由过热状态变成饱和状态，洗涤反应油气携带的焦粉颗粒，同时根据原料性质调整合适的循环比。

2. 控制好各回流量，合理地调整热平衡，在允许的范围内使气液相负荷均匀分配，充分发挥每层塔盘的作用。

3. 把焦炭塔顶来的高温油气按其组分不同的相对挥发度分割成富气、汽油、柴油、蜡油及部分循环油等馏分；按质量要求及时调整操作，保证稳定汽油的干点、柴油的干点、凝固点和蜡油的残炭质量合格。

4. 维护好本岗位负责的设备、仪表，保证安全生产。

5. 巡回检查时要注意现场液面、界面、阀位与操作室指示是否一致，发现异常联系处理。

【典型案例】

如图 4-16 所示，循环油自塔底抽出，经泵（P109A/B）升压后分为两路，一路返回原料油进料线与渣油混合后做辐射进料，另一路经换热器（E105A/B/C/D）、循环油蒸汽发生器（E125）换热后作为冷洗油返回焦化分馏塔人字塔板上部和塔底部。

重蜡油从蜡油集油箱中由重蜡油泵（P108A/B）抽出，经 E104、稳定塔底重沸器（E203）换热后分为两部分，一部分重蜡油回流返回分馏塔；另一部分重蜡油经过低温水-重蜡油换热器（E114A/B）换热到 80℃ 后再分为两路，一路作为急冷油与焦炭塔顶油气混合，另一路重蜡油出装置。

轻蜡油自分馏塔进入轻蜡油汽提塔（T103），塔顶油气返回焦化分馏塔，塔底油由轻蜡油泵（P107A/B）抽出，经（E102A/B）、除氧水-轻蜡油换热器（E110A/B）、低温水-轻蜡油换热器（E113A/B）换热到 80℃ 左右后出装置。

中段回流经中段回流泵（P106A/B）抽出，通过换热器（E103）、解吸塔底重沸器

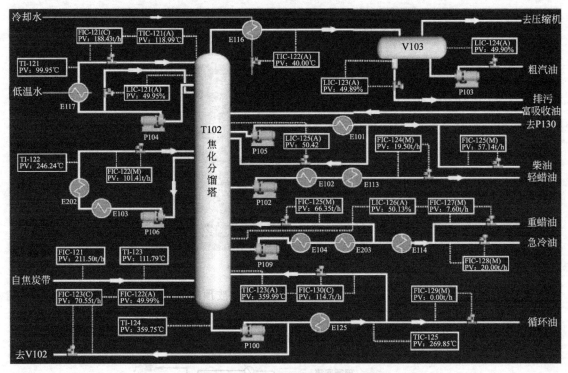

图 4-16 延迟焦化分馏塔仿真 DCS 图

(E202) 后，返回分馏塔。

柴油由柴油泵（P105A/B）抽出后，经柴油及回流蒸汽发生器（E111、E101A/B/C/D）换热至 170℃后分为两部分，一部分作为内回流返回分馏塔；一部分经过富吸收油-柴油换热器（E107），低温水-柴油换热器（E112A/B）和柴油空冷器（E119A/B/C/D）冷却到 60℃后分为两路，一路柴油出装置，另一路经柴油吸收剂泵（P130A/B）升压后再经柴油吸收剂冷却器（E118）冷却到 40℃，作为吸收剂进入再吸收塔（T203）。

分馏塔顶循环回流由顶循环回流泵（P104A/B）抽出，一部分作为内回流返回分馏塔，另一部分经低温水-顶循环换热器（E117A/B）冷却至 99℃后返塔顶层。

分馏塔顶油气（119℃）经过分馏塔顶后冷器（E116A/B/C/D）冷却到 40℃后，进入分馏塔顶油气分离罐（V103），分离出粗汽油、富气和含硫污水。粗汽油由汽油泵（P103A/B）抽出送至吸收塔（T201），富气去富气压缩机（C501）升压，经混合富气冷凝器（E206A/B/C/D）进入进料平衡罐（V201）。V201 和 V103 所产生的含硫污水出装置。

【工艺原理及设备】

一、延迟焦化分馏塔的作用

焦化分馏塔具有分馏和换热两个作用，分馏作用是把焦炭塔塔顶来的高温油气，按其组分挥发度的不同，切割成不同沸点范围的富气、汽油、柴油、蜡油、重蜡油及部分循环油等馏分，并保证各产品的质量合格，达到规定的质量指标要求；换热作用是让原料油在塔底与焦炭塔来的高温油气进行换热，提高全装置的热效率。图 4-17 是延迟焦化分馏塔的外貌图。

二、延迟焦化分馏塔的结构和特点

焦化分馏塔和炼厂催化裂化、加氢裂化等的分馏塔作用基本相同，差别是焦化原料油是

图 4-17 分馏塔外貌图

从塔洗涤段的下部进入塔内,进料在塔底和洗涤油混合被预热并将来自焦炭塔的油气中的焦粉通过洗涤油洗涤出去,塔底通常作为焦化装置新鲜原料的缓冲罐,对于防止塔底结焦和焦粉携带有较高的要求。典型的焦化分馏塔结构见图 4-18。

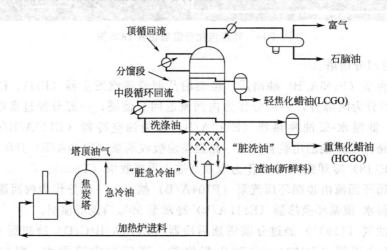

图 4-18 焦化分馏塔结构示意图

反应产物在分馏塔中进行分馏,与一般油品分馏塔比较,焦化分馏塔主要有以下特点。

① 焦化分馏塔有脱过热段和洗涤粉尘的循环油换热段。焦化分馏塔的进料是高温的,带有焦炭粉尘的过热油气。因此在塔底设循环油回流以冷却过热油气并洗涤焦粉。

② 全塔余热量大。焦化分馏塔的进料是 420℃左右的高温过热油气。因此,在满足分离要求的前提下,尽量减少顶部回流的取热量,增加温度较高的蜡油循环油及中段循环回流的取热量,以便于充分利用高能位热量换热和发生蒸汽。

③ 系统压降要求小。为提高气压机入口压力,降低气压机的能耗,提高气压机处理能力,应尽量减少分馏系统的压降、各塔盘的压降、分馏塔顶油气管线和冷凝冷却器以及从油气分离器到气压机入口的压降。

④ 有吸收油流程。在吸收稳定系统中要用柴油馏分,在再吸收塔内对吸收塔顶的贫气

进行吸收,以减少随干气带走的汽油量。吸收后的富吸收油再返回分馏塔。

⑤ 塔的底部是换热段,新鲜原料与高温油气在此进行换热,同时也起到把油气中携带的焦粉淋洗下来的作用。

⑥ 为了避免塔底结焦和堵塞,部分塔底油通过塔底泵和过滤器不断地进行循环。

【操作规范】

一、塔顶温度的控制

塔顶温度是根据汽油干点来调节控制的,同时该塔顶温度下应尽量避免水汽冷凝,造成顶循带水。塔顶温度是粗汽油在其本身油气分压下的露点温度,塔顶馏出物包括汽油、富气、水汽,一定的油气分压下,塔顶温度越高,汽油干点越高,塔顶温度主要靠调节顶循环流量来控制。

1. 影响因素

① 顶循回流量、回流温度变化:回流量减少,回流温度高,顶温高;

② 炉注汽流量的变化:注汽量增加,顶温升高;

③ 柴油抽出量的变化:抽出量大,塔顶温度高;

④ 柴油回流温度高,塔顶温度高;

⑤ 焦炭塔换塔,塔顶温度低;

⑥ 加热炉温度改变也影响顶温,炉出口温度升高,焦炭塔产生的油量增气多,塔顶温度高;

⑦ 仪表失灵。

2. 调节方法

① 正常情况下,根据汽油干点,通过调节顶循环流量和冷回流流量来控制合适的塔顶温度,根据回流温度的变化,及时启动或停用风机;

② 开工初期或顶循环泵抽空时用冷回流控制顶温,冷回流流量增大,可提高塔顶油气分压,减少顶循带水,但能耗相应增大,因此,在保证顶循环不带水,汽油干点合格的情况下,应尽量少打冷回流;

③ 焦炭塔换塔要及时调整分馏塔操作,减少渣油上返塔流量,减少柴油抽出量。

二、塔底温度的控制

分馏塔塔底温度上限受到塔底油在塔底结焦的限制,下限受到换热终温的限制,如果温度过低会影响整个塔的换热平衡,分馏塔油气分布器以上结焦或焦粉携带,一般塔底温度的控制是利用原料下进料量控制来实现的。

1. 影响因素

① 原料流量或原料上、下进料分配量的变化;

② 塔底液位的变化;

③ 蒸发温度变化,蒸发段温度下降,塔底温度升高;

④ 油气入塔温度和油气量的变化,油气量增加,油气温度升高,塔底温度升高;

⑤ 原料进塔温度的变化,温度升高,塔底温度升高。

2. 调节方法

① 按处理量要求调节,调整原料上、下部进料量的分配,使塔底温度保持在规定范围内;

② 控制好塔底液位；
③ 调整好蒸发段的温度；
④ 用急冷油控制好油气温度；
⑤ 控制原料进塔温度。

三、分馏塔底液面控制

就分馏自身而言，塔底液面的变化反映了全塔物料平衡的变化，分馏塔底液面是保证加热炉进料泵抽出量的需要，也是焦化分馏塔操作的关键。塔底液面过低，容易造成泵抽空；塔底液面过高会淹没油气进料口，使系统憋压，造成严重后果。

1. 影响因素
① 加热炉出口温度高，分馏塔底液面下降；
② 原料进塔温度升高，分馏塔底液面下降；
③ 原料进塔量增加，分馏塔底液面上升；
④ 原料油罐满向塔内溢流，塔底液面上升；
⑤ 蜡油集油箱溢流；
⑥ 原料油带水；
⑦ 蒸发段温度变化；
⑧ 机泵故障及仪表控制失灵。

2. 调节方法
① 根据原料性质和总进料量的变化，调整好加热炉出口温度；
② 平稳原料温度；
③ 根据进出塔流量变化，作相应调整；
④ 原料罐溢流引起液面上涨，可降低新鲜原料入装置量；
⑤ 增加蜡油抽出量，提高中段温度，加大柴油抽出量；
⑥ 联系罐区查明原因，加强切水；
⑦ 主要是换塔影响，此时要及时调节流量来保证液面；
⑧ 机泵故障切换备用泵，仪表失灵，联系仪表处理。

四、粗汽油干点控制

塔顶温度是根据汽油干点指标来控制的，一般情况下，塔顶温度高，汽油干点也高。相反如果汽油干点高了，塔顶温度也就高了，而塔顶温度的调节主要靠顶回流来控制。

1. 影响因素
① 反应深度和处理量；
② 顶循回流量，回流温度的变化；
③ 冷回流量，回流温度的变化；
④ 分馏塔中部温度；
⑤ 系统压力的变化；
⑥ 炉注汽量的变化，注汽量增加，顶温升高；
⑦ 柴油回流量和回流温度的变化；
⑧ 焦炭塔预热、换塔；
⑨ 仪表失灵。

2. 调节方法

① 反应深度和处理量变化间接影响粗汽油干点，应根据变化相应调整操作，调整好分馏各段回流取热比例；

② 根据回流温度变化情况，及时启动或停用风机；

③ 根据塔顶温度的变化，及时调整冷回流量和温度；

④ 中部温度波动影响粗汽干点，应稳定中部温度，保证塔顶温度平稳；

⑤ 消除影响系统压力的因素，调节好气压机转速，保证压力平衡；

⑥ 水蒸气量变化（引起油气分压变化）影响粗汽油干点，应平稳炉管注汽量及蜡油汽提塔汽提蒸汽量；

⑦ 调整好柴油回流量和回流温度；

⑧ 焦炭塔预热、换塔时要及时调整分馏塔操作；

⑨ 仪表由自动改为手动或副线，联系仪表处理。

五、柴油干点控制

柴油干点高低与中段回流量的大小有关。正常操作中，柴油干点主要是用调节中段回流量来控制的。

1. 影响因素

① 柴油抽出量；

② 中段回流量的变化；

③ 冲塔柴油干点高；

④ 炉出口温度的变化；

⑤ 柴油回流量及温度的变化；

⑥ 仪表失灵。

2. 处理方法

① 平稳柴油的抽出量；

② 调节好中段回流量；

③ 加强联系，调节好各参数；

④ 控制好炉出口温度；

⑤ 控制好柴油回流量；

⑥ 联系仪表处理。

六、蜡油残炭的控制

1. 影响因素

① 蜡油抽出量的变化；

② 塔底液面、蜡油箱液面的变化；

③ 循环比的变化；

④ 焦炭塔或分馏塔冲塔；

⑤ 中段温度、蒸发段温度、蜡油抽出温度的变化；

⑥ 仪表失灵。

2. 调节方法

① 平稳蜡油的抽出量；

② 平稳塔底液面；
③ 调整好循环比；
④ 查明冲塔原因，及时调整操作；
⑤ 温度升高，蜡油残炭增加，调整好各个温度；
⑥ 联系仪表处理。

事故案例

案例一：焦炭塔闪爆，装置紧急停工事故

1. 事故经过

2006年4月26日17：00左右，40万t/a焦化装置检修后开工。在炉出口温度440℃时，根据工艺要求进行试翻四通阀。在试翻四通阀过程中，四通阀卡住导致焦化炉炉管压力憋压至1.6MPa。操作工在紧急情况下打开B塔四通阀后的高温闸板阀泄压，导致高温油气（440℃）进入B塔（B塔达不到备用状态，未预热，常温，且未置换赶空气），导致B塔内的温度、压力急剧上升，在B塔内发生闪爆。装置按紧急停工处理。

2. 事故原因

(1) 在开工过程中未严格执行250℃、300℃、350℃、380℃翻四通阀的温度、次数，导致四通阀结焦，旋转不畅，这是导致四通阀卡住、炉管憋压的直接原因，是导致B塔闪爆的主要原因。

(2) 当四通阀卡住、炉管憋压后，操作工安全意识差，未进行安全危害分析，就改换流程，导致油气进入B塔，是导致B塔闪爆的直接原因。

(3) 岗位人员及工艺班长对整个装置的设备状况掌握不够，对B塔能不能达到备用条件、B塔有没有预热、有没有赶空气的熟悉程度不够，对B塔在没有赶空气时进入高温油气的危害性认识不深。

3. 预防措施

(1) 严格交接班制度，特别是在开停工过程中，各岗位都要对口交接，每个岗位的进度、每个流程的改动在交接记录本上都要体现，做到交得清楚、接得明白。

(2) 在装置开停工过程中要严格按照开停工方案执行，试翻四通阀的温度、次数要严格控制。

(3) 加强岗位人员技能培训，特别是开停工方案的学习。

案例二：加热炉炉管结焦事故

1. 事故经过

2008年5月3日0：40因电网晃电，0：50操作工启动2#辐射泵，但发现无法启动，于是通知调度和电工没有电。但电工回复2#泵有电，操作工再次启动，仍无效，又通知调度和电工。0：53启动1#泵，发现也没有电，无法启动，通知调度和电工，但电工回复1#泵有电，操作工再次启动，仍无效，又通知调度和电工。此时，电工测1#泵绝缘后送电，0：57给1#泵送电，1：00 1#泵启动，焦化炉点炉。因时间长，炉管结焦。

2. 事故原因

(1) 电网晃电是辐射泵停运，造成事故的直接原因。

(2) 小循环比生产更易造成炉管结焦。

(3) 停电后工艺处理时间长，启动泵时一味要求启动带变频的2#泵。

(4) 电仪车间从3月份一直未给1#泵送电，未执行辐射泵热备用规定。

(5) 电工一直处于被动工作状态，未能主动工作。

3. 预防措施

(1) 辐射泵必须处于热备用状态。

(2) 设备管理制度完善。

(3) 生产部门完善《调度应急预案》。

（4）电仪车间对电器设备延时系统全面检查。
（5）提高调度操作工电工的技能水平及工作责任心和主动性。

技能提升　延迟焦化装置仿真操作

一、训练目标

1. 熟悉延迟焦化装置的工艺流程及相关流量、压力、温度等控制方法。
2. 掌握延迟焦化装置开车前的准备工作、冷态开车及正常停车的步骤和常见事故的处理方法。

二、训练准备

1. 仔细阅读《延迟焦化装置仿真实训系统操作说明书》，熟悉工艺流程及操作规范。
2. 熟悉仿真软件中各个流程画面符号的含义及操作方法；熟悉软件中控制组画面、手操组画面的内容及调节方法。

三、训练项目

1. 冷态开工操作。
2. 正常停工操作。
3. 紧急停车操作。
4. 事故处理操作。

思考训练

1. 什么是延迟焦化？
2. 分析延迟焦化过程的产品组成及性质。
3. 绘出延迟焦化的工艺流程。
4. 焦炭塔的作用是什么？
5. 为什么焦化加热炉分辐射室和对流室？
6. 影响分馏塔顶温度变化的主要因素是什么？
7. 焦化分馏塔与一般油品分馏塔相比有哪些特点？
8. 影响汽油干点的因素是什么？

第五章　气分装置岗位群

> **工艺简介**

所谓石油气体，一般是指天然气、油田气和炼厂气。天然气和油田气是气体烃的巨大来源，它主要是由低分子烷烃及微量的环烷烃、芳烃组成，天然气中也含有极少量的硫化氢、硫醇、二氧化碳及其他杂质。

炼厂气是石油加工过程中产生的气体烃类。主要产自二次加工过程，如催化裂化、热裂化、延迟焦化、催化重整、加氢裂化等，其气体产率一般占所加工原油的5%~10%。炼厂气是宝贵的原料，其组成除含有低分子烃外，还含有大量的 C_3 和 C_4 烃类，合理利用这些气体是石油加工生产中的重要课题，对合理利用石油资源、促进国民经济的发展具有重要的意义，同时也直接影响炼油厂的经济效益，所以炼厂气体的加工和利用常被看着是石油的第三次加工。石油气体的利用途径主要是生产石油化工产品、高辛烷值汽油组分或直接用作燃料等。

气体分馏是指对液化石油气即 C_3、C_4 的进一步分离。这些烃类在常温常压下均为气体，但在一定压力下成为液态，利用其不同沸点进行精馏加以分离。由于彼此之间沸点差别不大，分馏精度要求很高，要用几个多层塔板的精馏塔，塔板数越多塔体就越高，所以炼油厂的气体分馏装置都有数个高而细的塔。

气体分馏装置要根据需要分离出哪几种产品以及要求的纯度来设定装置的工艺流程，一般多采用五塔流程（工艺方框流程见图5-1）。原料为液态烃，产品为丙烯馏分（纯度可达到99.5%）、丙烷馏分、轻碳四馏分、重碳四馏分、戊烷馏分。

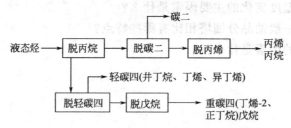

图5-1　气体分馏生产工艺方框流程图

气体分馏装置工艺原则流程见图5-2。液化石油气先进入脱丙烷塔，塔顶分出的 C_2 和 C_3（丙烯）进入脱乙烷塔，塔顶分出乙烷；脱乙烷塔底物料进入脱丙烯塔，塔顶分出丙烯，塔底为丙烷馏分；脱丙烷塔底物料进入脱轻碳四塔，塔顶分出轻碳四馏分（主要是异丁烷、异丁烯、1-丁烯组分）；脱轻碳四塔底物料进入脱戊烷塔，塔底分出戊烷，塔顶则为重碳四馏分（主要为2-丁烯和正丁烷）。上述五个塔底均有重沸器供给热量，操作温度不高，一般在55~110℃，操作压力前三个塔应为2MPa以上，后两塔0.5~0.7MPa；可得到五种馏分：丙烯馏分（纯度可达到99.5%）、丙烷馏分、轻碳四馏分、重碳四馏分、戊烷馏分。

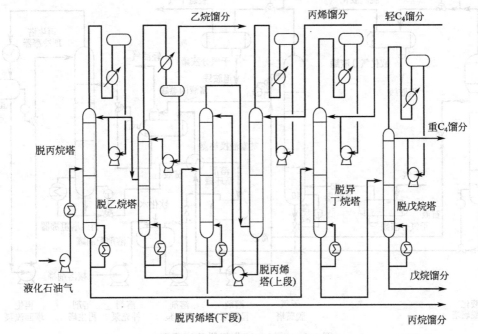

图 5-2　气体分馏装置工艺原则流程

气分车间主要由干气脱硫系统、液化气脱硫系统、气体分离系统、二甲醚系统组成。气分车间就是将常减压、催化裂化等车间产生的含硫富气进行分离，不同产品再进入不同车间进行深加工。

第一节　脱硫岗位

【岗位任务】

1. 稳住各处液面，控制好温度，实现平稳操作，使产品合格。
2. 在稳定操作状态下把原料中的 H_2S 脱除，并保证各个产品的质量合乎规定的要求。

【典型案例】

一、干气、液化气脱硫

催化裂化等装置所产的液化气和干气，除烷烃、烯烃等主要成分外，还有 H_2S、硫醇、硫醚、二硫化物等硫化物和二氧化碳、氮气、氧等杂质，硫化物对装置设备有腐蚀作用，H_2S 有剧毒危害人身安全，这些杂质必须从液化气中去除。因而，液化气在进入气体分馏装置前按顺序经液化气脱硫装置和液化气脱硫醇装置分别脱除 H_2S、二氧化碳和硫醇等杂质，干气经干气脱硫装置脱除 H_2S、二氧化碳等杂质。

如图 5-3 所示，干气进入装置后经干气分液罐分液，气体由过滤器过滤固体杂质后进入干气脱硫塔下部，贫液（胶液）从干气脱硫塔上部进入塔内。干气由下而上，胺液由上而下，逆向接触。H_2S、CO_2 与胺反应生成胺盐，胺盐溶于胺液中在塔底部形成富液。塔顶气体经过干气分液罐分液后的气体就是脱硫干气，脱硫干气自压送出装置到瓦斯系统。

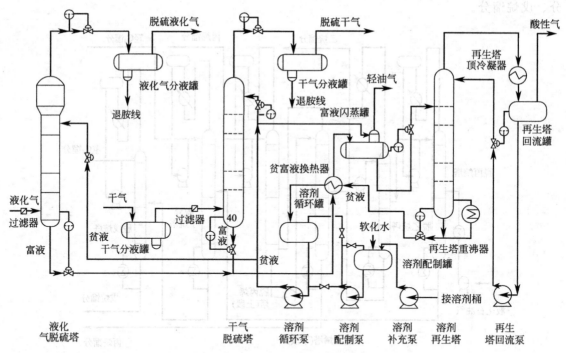

图 5-3 干气、液化气脱硫流程图

液化气进入装置后经过滤器过滤固体杂质后进入液化气脱硫塔下部,与从塔上部进入的贫液在塔内利用密度差逆向接触,液化气中含有的 H_2S、CO_2 与胺反应生成胺盐,胺盐溶于胺液中在塔底部形成富液。塔顶的液体经过液化气分液罐分离出夹带的胺液后就是脱硫液化气,被送至液化气脱硫醇装置作进一步处理。

干气脱硫塔、液化气脱硫塔底部富含胺盐的富液汇合后经过贫富液换热器与贫液换热进入富液闪蒸罐,闪蒸出大部分溶解烃后,进入溶剂再生塔,塔底由再生塔重沸器加热,以保证塔底温度。塔顶气经再生塔顶冷凝器冷凝冷却后,进入塔顶回流罐进一步分液后,酸性气送至硫黄回收装置,冷凝液经再生塔顶回流泵返塔作为回流。塔底贫液经贫富液换热器换热冷却,由溶剂循环泵送至装置内各脱硫塔循环使用。

溶剂在循环使用过程中,浓度逐渐下降,当浓度下降到一定程度后,需补充新溶剂。可将胶管一端插入装有溶剂的桶内,另一端接到溶剂补充泵入口,开泵把桶中的溶剂抽至溶剂配制罐中,然后往溶剂配制罐中加入适量软化水稀释,启动新溶剂泵,抽取溶剂配制罐中的溶剂进行循环,待混合均匀后,便可打入溶剂循环罐或溶剂循环泵的入口,直接进入系统。

二、液化气脱硫醇

如图 5-4 所示,液化气经过脱硫处理后进入装置的原料缓冲罐,用液化气进料泵抽出,终流量控制调节阀送至预碱洗罐下部,在罐内用 7%(质量分数)的 NaOH 溶液洗涤液化气中少量的 H_2S。

预碱洗后的液化气自预碱洗罐顶部压出,进入抽提塔下部,由催化剂碱液循环泵送来的催化剂(磺化酞菁钴或聚酞菁钴)碱液进入抽提塔上部。在塔内液化气为分散相,催化剂碱液为连续相,经塔盘逆向接触,液液萃取抽提液化气中的硫醇,这个伴有化学反应的抽提过

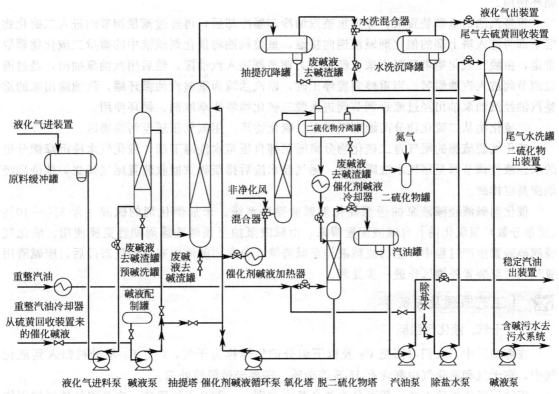

图 5-4　液化气脱硫醇流程图

程，使硫醇生成硫醇钠，并溶于催化剂碱液中。

脱硫醇后的液化气，从抽提塔顶部压出，进入抽提沉降罐，沉降分离携带的少量碱液后，由抽提沉降罐顶部压出与从脱盐水泵来的脱盐水一同进入水洗混合器混合，洗去液化气携带的微量碱液，混合物进入水洗沉降罐中，分离后的液化气经罐顶压力调节阀后送到气体分馏装置或气体分馏装置原料罐区。

从水洗沉降罐沉降出的水进入分水斗，一部分经流量调节阀到水洗混合器循环使用，其余经液位调节阀去尾气水洗罐水洗尾气后排至含碱污水系统。如果二硫化物与催化剂碱液分离效果不好，循环催化剂碱液中将把二硫化物携带入抽提塔中与液化气接触，由于二硫化物能溶于液化气被携带出装置，导致双脱后的液化气总硫含量偏高。因此在下游工艺对液化气总硫有严格要求时，就需要对催化剂碱液所携带的二硫化物作进一步分离，增加反抽提措施，即将二硫化物分离罐出来的催化剂碱液引入一反抽提塔中，在该塔中与含硫量低的汽油（如重整汽油、重整顶精制汽油或加氢汽油）反抽提剂进行逆向抽提，降低催化剂碱液中的二硫化物浓度，一般多采用重整汽油。

催化剂碱液从抽提塔底部压出，经液位调节阀进入催化剂碱液加热器升温至 60℃ 左右。与非净化风一起进入混合器混合后进入氧化塔，在氧化塔里硫醇钠转化为二硫化物和氢氧化钠。所有反应物均从氧化塔顶部压出，进入二硫化物分离罐。催化剂碱液和二硫化物及尾气在罐内进行沉降分离，分离后的碱液经催化剂碱液冷却器冷却至 40℃ 左右，经流量调节阀进入脱二硫化物塔的上部与下部进入的重整汽油在塔内逆向接触，脱去催化剂碱液中携带的微量二硫化物。催化剂碱液由催化剂碱液循环泵从脱二硫化物塔底部抽出，送至抽提塔上部循环使用。

重整汽油由重整装置来，经过重整汽油冷却器冷却后，再经过流量调节阀进入二硫化物塔下部与进入塔上部的催化剂碱液逆向接触，重整汽油将催化剂碱液中的微量二硫化物萃取带走，由脱二硫化物塔顶部出来，经过压力调节阀进入汽油罐，然后用汽油泵抽出，经过液位调节阀进入汽油罐区。当重整装置停工时，以汽油罐为重整汽油循环罐，汽油罐出来的重整汽油经汽油泵抽出经过流量调节阀进入脱二硫化物塔作萃取剂，循环使用。

二硫化物从二硫化物分离罐定期排至二硫化物罐，用氮气压送至污油罐区。

液化气脱硫醇的尾气自二硫化物分离罐顶部自压至水洗罐下部，液化气水洗沉降罐分出的水经液位调节阀至尾气水洗罐上部，尾气经水洗后排至硫黄回收装置尾气焚烧炉焚烧后经烟囱高空排放。

催化剂碱液经碱液泵抽送至催化剂碱液循环系统。未加催化剂的碱液［含5%～10%（质量分数）氢氧化钠］自碱液配置罐来，由碱液泵抽至预碱洗罐周期性更换使用。液化气脱硫醇装置生产过程中产生的废碱液排至碱渣罐，分离出碱液中残存的气态烃后，废碱渣用氮气压送至装置外罐区作进一步处理。

【工艺原理及设备】

一、干气、液化气脱硫

在炼油厂中，人们习惯把 C_2 及以下组分的气体称为干气，C_3、C_4 组分被归入到液化气中。在干气和液化气中都含有 H_2S 等杂质，需要经过脱硫处理。

炼油厂气体脱硫方法一般可分为两个基本类别：一类是干法脱硫，它是将气体通过固体吸收剂的床层来脱去硫化氢，干法脱硫所使用的固体吸收剂有氧化铁、活性炭和分子筛等。另一类是湿法脱硫，采用液体吸收剂洗涤气体以除去气体中的硫化氢，湿法脱硫按照吸收剂吸收硫化氢的特点又可以分为化学吸收、物理吸收、直接转化法等。通常采用的是湿法脱硫中的化学吸收法，即伴有化学反应的吸收过程，也就是使用可以与硫化氢反应的碱性溶液进行化学吸收，溶液中的碱性物质和硫化氢常温下结合生成盐类，然后用升温减压等方法分解盐类释放出硫化氢。

化学吸收法所使用的吸收剂很多，我国炼油厂大部分使用的是醇胺类，也有部分装置使用液氨。无论使用何种吸收剂，其原理都是一样的：在低温的吸收塔里，吸收剂吸收干气、液化气中的 H_2S（同时吸收 CO_2 和其他杂质）产生胺盐，利用液化气不溶于水的特点把胺盐与液化气分离，胺盐溶液在再生塔中用升温减压等方法分解为吸收剂和 H_2S、CO_2，实现吸收剂的再生。其典型反应过程如下：

甲基二乙醇胺（MDEA）与 H_2S 等酸性气体应，生成胺的盐类：

$$R_2R'N + H_2S \underset{116\sim120℃}{\overset{25\sim50℃}{\rightleftharpoons}} (R_2R'NH)^+ + HS^-$$

式中，R 为醇基，R′为烃基。

由于 MDEA 的 N 原子上没有孤对电子，因此 MDEA 不能直接与 CO_2 反应，只有在水溶液下才能发生如下反应：

$$R_2R'N + H_2O + CO_2 \underset{118\sim125℃}{\overset{60℃以下}{\rightleftharpoons}} (R_2R'NH)^+ + HCO_3^-$$

式中，R 为醇基，R′为烃基。

MDEA 与 H_2S、CO_2 的反应，存在着反应速度的差异，MDEA 与 H_2S 的反应速度远

大于与 CO_2 反应的速度,因此 MDEA 在有 CO_2 存在的条件下对 H_2S 有较好的选择吸收能力,液化气脱硫原理与干气脱硫原理相同,不作叙述。

二、液化气脱硫醇

经过脱硫以后的液化气里的硫醇并没有减少,仍然需要进行脱硫醇处理。国内液化气脱硫醇多采用催化氧化脱硫醇法。

石油产品中的硫醇显酸性,当与含催化剂的碱液在混合器中接触时发生中和反应,其反应式:

$$NaOH + RSH \xrightarrow{催化剂} RSNa + H_2O$$

而含有 RSNa 的碱液则经过加热到 60℃ 左右后与非净化风一起进入氧化再生塔,使 RSNa 转化成 RSSR,碱液得到再生,循环使用。其反应式为:

$$4RSNa + O_2 + 2H_2O \xrightarrow{催化剂} 2RSSR + 4NaOH$$

第二节 分 馏 岗 位

【岗位任务】

1. 稳住各处液面,控制好各段回流量和温度,合理地调整热平衡,实现平稳操作,使产品合格。

2. 在稳定操作状态下把各工段送来的气体,分割成丙烯馏分、丙烷馏分、轻碳四馏分、重碳四馏分、戊烷馏分,并保证各个产品的质量合乎规定的要求。

【典型案例】

如图 5-5 所示,经脱硫、脱硫醇后的液化气自脱硫醇部分或自液化气球罐罐区进入 V201,用丙烷塔进料泵(P201/1、2)抽出经原料-重组分换热器(E204)与从丙烷塔底出来的碳四组分换热,再经原料加热器(E205)与蒸汽换热至 65℃ 左右后进入丙烷塔(C201)(第 29 或 31、35 层塔板),在丙烷塔内进行分离。液化气中 $\geqslant C_4$ 馏分流入塔底。塔底抽出液先去原料-重组分换热器(E204)与进料液化气换热后,经重组分外送冷却器(E209)冷却至 40℃ 以下去 C205 固定床脱硫后送至混合碳四储罐。

另一部分塔底液化气经塔底重沸器(E201),用蒸汽加热至 105.6℃,利用热虹吸式原理,汽液混相返回 C201 以提供分馏所需热量。从 C201 顶分离出的 C_2、C_3 和少量 C_4 组分先经丙烷塔顶空冷器(EC201)和丙烷塔顶后冷却器(E206/1、2)冷至 42℃ 左右进入丙烷塔顶回流罐(V202),一部分经丙烷塔回流泵(P202/1、2)抽出作丙烷塔顶回流。另一部分经脱乙烷塔进料泵(P203/1、2)抽出作脱乙烷塔(C202)的进料。

如图 5-6 所示,进入脱乙烷塔 C202(进料口在 15、17、19 层塔盘)的馏分在塔内进行分离,塔顶馏出的 C_2 及 C_3 馏分经脱乙烷塔顶冷凝器(E207/1、2)冷至 40℃ 左右,进入脱乙烷塔回流罐(V203)。然后用脱乙烷塔回流泵(P204 与 P202/2 备用)抽出全部作脱乙烷塔的回流,罐内不凝气排入高压瓦斯系统。塔底釜液一部分经塔底重沸器(E202)用蒸汽加热至 68℃ 左右,根据热虹吸式原理返回塔内,另一部分经自压去粗丙烯塔 C203。

如图 5-7 所示,丙烯塔为双塔串联操作,粗丙烯塔 C203(进料口在 36、40、44 层塔盘)顶部气相进入精丙烯塔(C204)底部。精丙烯塔顶部出来的气相经精丙烯塔顶空冷器

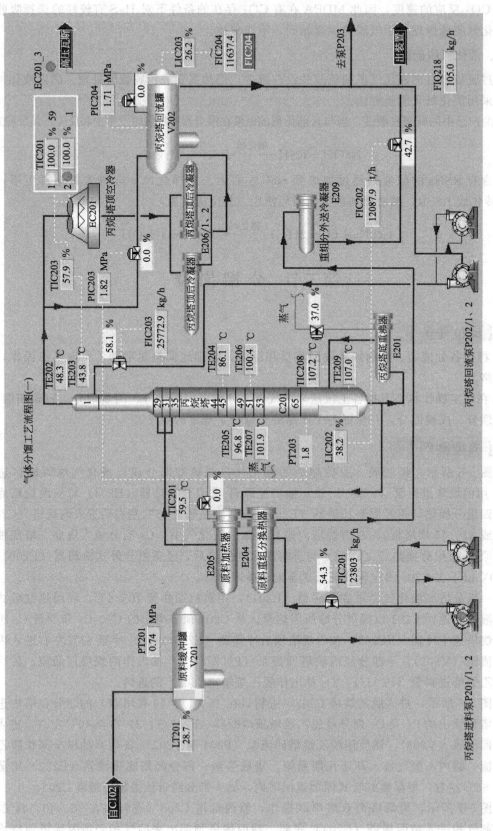

图 5-5 气(体)分馏工艺流程图(一)

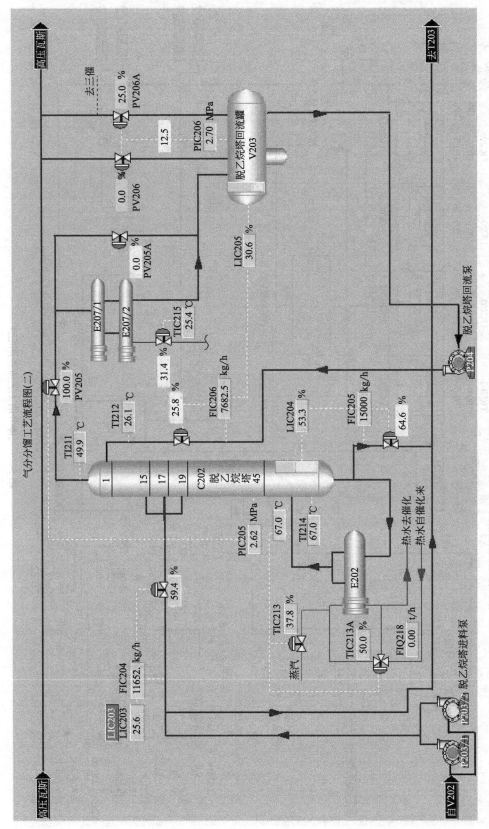

图 5-6 气体分馏工艺流程图(二)

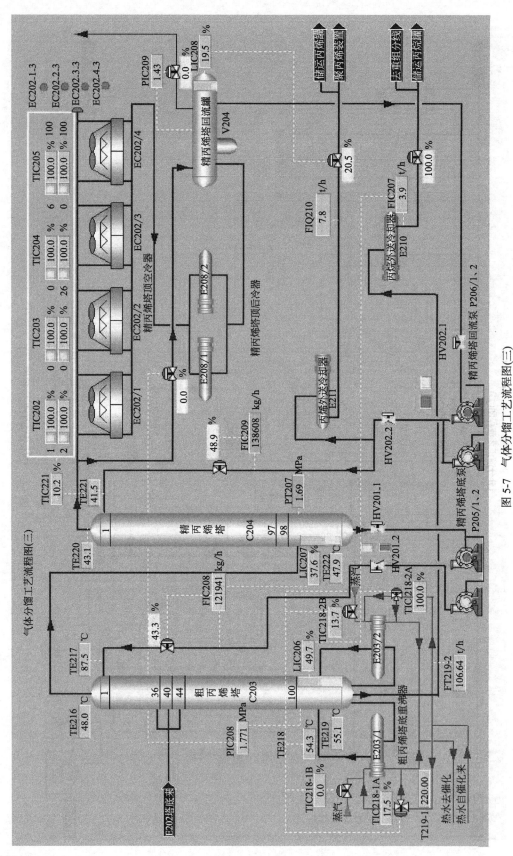

图 5-7 气体分馏工艺流程图(三)

(EC202/1~4)和精丙烯塔顶冷却器（E208/1、2）冷却至44.6℃左右进入精丙烯塔回流罐（V204）。经精丙烯回流泵（P206/1、2）抽出。一部分打回精丙烯塔顶提供液相回流，另一部分经丙烯外送冷却器（E211）冷却至40℃以下出装置，去聚丙烯或液化气罐区。精丙烯塔（C204）底釜液由精丙烯塔底泵（P205/1、2）抽出全部打入粗丙烯塔（C203）顶部作粗丙烯塔的回流。粗丙烯塔底釜液一部分经塔底重沸器（E203/1、2），热源是0.8MPa蒸汽（或者三催热水）加热至56℃左右返回（C203）底作为气相。另一部分釜液经丙烷外送冷却器（E210）冷却至40℃以下去丙烷罐或去重组分线与重组分混合作为民用液化气去液化气罐区。

【工艺原理及设备】

气体分馏装置利用精馏方法使炼油厂气体中的烃类混合物得到分离。在炼油厂中，最常用的分离方法是分馏，精确的分馏就称为精馏，其基本原理是利用被分离的各组分具有不同的挥发度，即各组分在同一压力下具有不同的沸点将其分离，其实质是不平衡的气-液两相在塔盘上多次逆向接触，多次进行部分汽化和部分冷凝、专质传热，使气相中轻组分浓度不断提高，液相中重组分浓度不断提高，从而使混合物得到分离。

【操作规范】

一、分馏塔压力的调节方法

（一）影响压力的因素及调节方法

(1) 开工初期系统内有不凝气，从回流罐顶放火炬。

(2) 正常生产中塔顶轻组分增多，引起系统压力上涨。①调整前塔温度、压力，减少进料中的轻组分含量；②回流罐顶放火炬。

(3) 塔顶冷凝器超负荷或冷凝效率低，使冷后温度升高，引起压力上升。①减小回流比或降低处理量；②加大冷却水量或降低水温；③回流罐顶放火炬；④停工吹扫冷却器。

(4) 水温高、水压低或停工引起压力上升。①联系供排水，降水温或提水压；②装置紧急停工；③如设备超压，进行放压。

(5) 压力控制阀失灵或热旁路漏引起压力上升。①关闭热旁路阀门；②回流罐顶放火炬。

(6) 塔底温度突然上升，引起压力上升。①降低塔底温度；②回流罐顶放火炬。

(7) 塔系统装满引起压力上升。①降低或停止进料；②加大塔顶产品出装置量；③降低或停止回流（因为塔顶温度低）；④加大塔底抽出量。

注：以上的各种调节方法，有时针对某种因素单独使用，有时则根据情况综合起来使用。

（二）正常操作中压力平稳操作法

(1) 根据进料量和塔顶回流量，适当调节冷却水量，使冷却器出口温度恒定，这样塔与回流罐之间可保持一定压差，压力也较平稳。

(2) 启用热旁路控制，自动调节压力。

(3) 注意前塔操作，防止轻组分大量带入本系统。

(4) 塔底温度提降不能过猛。

(5) 塔的进料量回流量提降不能过大。

(6) 注意各塔底液面和回流罐液面要保持平稳。

(7) 注意检查冷却水的温度和压力，并及时联系调节。

二、分馏塔温度的调节方法

（一）影响温度的因素及基本调节方法

(1) 压力波动引起温度变化：平稳系统压力。
(2) 塔底温度不稳引起塔顶温度变化：平稳底温。
(3) 蒸汽压力波动引起底温变化：平稳蒸汽压力。
(4) 塔底液面空或满引起底温变化：调节塔底抽出量，维持正常液面。
(5) 仪表控制失灵引起温度不稳：①改用手动或人工控制；②联系仪表工修理。
(6) 进料量、回流量不稳引起温度变化（当底温在手动控制时）：①调节进料量、回流量使其平稳；②将温控表投自动。
(7) 进料温度波动，引起塔顶底温度变化：①调节进料预热器的热载体量；②调节前塔操作，使馏出温度平稳。

注：以上各种调节方法有时针对某种因素单独使用，有时则根据几种情况综合使用。

（二）正常操作中，塔底温度的平稳操作法

① 按塔压力平稳操作法，平稳塔的压力。
② 平稳塔的进料量，回流量及塔底液面。
③ 塔底温度提降要缓慢，进料温度要平稳。
④ 检查并调节蒸汽压力，使其平稳。

（三）正常操作中塔顶温度的调节

① 根据进料组成及进料量，在保证产品质量的前提下，固定回流量。
② 按工艺指标固定塔的压力。
③ 根据产品质量，用改变底温的办法来调节顶温。
④ 控制适当的进料温度，防止顶温因进料波动而波动。

三、塔顶产品质量的调节方法

（一）影响产品质量的因素

(1) 压力和塔顶塔底温度　在原料组成不变的情况下，不同的压力就有相对应的塔顶温度，只有这样产品才能合格。
(2) 回流比　在塔的负荷允许的范围内，可适当地调节回流比，过大过小的回流比，会打乱正常的热平衡，而影响产品质量。
(3) 塔的负荷　超负荷是由于进料量或回流量过大引起的，塔超负荷的现象一般是：塔底温度不高，压力不低，顶温上升；塔顶携带重组分过多，塔底携带轻组分过多，从而分馏效果明显变坏；改变塔的压力、温度、回流比等条件，对产品质量效果影响不大。
(4) 塔盘数和塔盘效率　长期生产中，塔顶底产品达不到预期的分馏效果，一般是由于塔盘数少或塔盘效率低引起的，出现这种情况应增加塔盘数或更换高效率塔盘。

在正常负荷的条件下，产品质量逐渐变坏，一般是因为：①塔板冲翻；②塔板泄漏；③浮阀卡死；④塔板硫化铁堆积过多或降液管堵塞。

上述原因会引起塔盘效率低，影响分馏效果，这种情况应停工检修。

（二）产品质量的调节方法

(1) 为什么在正常负荷下，塔底产品含重组分？一般是因为塔的压力偏低，塔顶温度偏

高引起的。

调节方法：适当提高塔的压力。如压力已在指标内可适当降低塔顶温度。

（2）塔底产品含轻组分多，为什么？该怎样调节？

调节方法：原料含轻组分多，调整原料质量；调整前塔操作，降低塔底压力，提高塔底温度。

事故案例

2006年6月28日早晨8时05分，在兰州石化公司炼油厂40万t/a气体分馏装置，发生一起因换热器泄漏引发的火灾事故。在事故抢险过程中，造成1名消防队员牺牲，10名消防队员受伤。

一、事故装置

炼油厂40万t/a气体分馏装置于2003年7月1日建成投产。该装置是300万t/a重油催化的中间加工装置，生产工艺采用7塔精流程，以300万t/a重油催化装置生产的经精制脱硫后的液态烃为原料，生产丙烯、丙烷、异丁烯、异丁烷等中间产品，为下游装置提供原料。

二、事故经过

2006年6月28日凌晨4时左右，炼油厂40万t/a气体分馏装置局部检修后复工开车，7时37分，室外操作工在巡检中发现C502塔顶冷凝器（E507/1、2）四个封头处泄漏，立即通过对讲机告知DCS操作人员通知维修单位人员到现场进行消漏。7时51分，DCS操作人员再次打电话催促后，维修人员7时56分左右到达现场，在做施工准备过程中，发现E507/1、2封头处泄漏量增大，维修人员迅速撤离现场。8时05分，E507/1、2封头泄漏处着火，班长立即报火警，并指挥当班操作人员按操作规程进行应急处理。切断E507/1、2进料，迅速撤C502塔底热源，停P503泵，切断C502进料，并加速向C503转移物料。同时，将与装置连接的物料阀门关闭，装置紧急停工，8时15分左右，将气体分馏装置电源切断。兰州石化公司消防支队8时06分接到火警后，立即出动消防车到现场进行现场火灾扑救。8时40分左右，由于C501塔顶抽出线（DN250）受热蠕变破裂，管线内液态烃喷出，火势突然扩大，致使现场抢险的消防队员1名牺牲，10名受伤。根据火场情况，兰州石化公司请求兰州市消防支队增援，甘肃省消防总队及兰州市消防支队领导于8时45分左右先后赶到现场，接管指挥权并组成现场指挥部，统一指挥现场灭火抢险工作。经过全体参战官兵的全力扑救，9时40分左右，现场火势得到控制。因泄漏介质主要为液态烃，为防止明火熄灭后，气相物料发生二次爆炸，指挥部研究决定采取不熄灭明火、控制燃烧、对周边管线和储罐冷却保护的方法，控制残存物料稳定燃烧。最后，明火于当日21时35分熄灭。

事故发生后，兰州石化公司立即启动事故应急预案，全力抢险。同时，启动了环境保护应急预案，将消防水引入污水处理厂进行处理。经甘肃省、兰州市环保部门的监测，周边大气和黄河水质没有受到污染。

三、事故原因

1. 直接原因

2006年6月4日，二套催化车间按照大检修计划将停工处理完的E507/1、2交与维修单位进行检修，检修计划明确要求"E507/1、2清洗、换垫、试压"。但是，在检修过程中，维修单位质量控制不严格，未按照检修计划内容施工，在清洗结束后，只对其管程进行了试压，未对壳程进行试压，埋下了事故隐患。在装置复工过程中，当系统升压至2.2MPa左右，入口温度达到67℃时（正常操作压力为29.5MPa，温度为70℃），E507封头法兰发生泄漏。高速喷出的液态烃产生静电，经放电产生火花，引爆液态烃混合蒸气造成火灾事故的发生。因此，维修单位检修人员未严格按照检修规程检修，检修质量存在缺陷，造成E507冷凝器液态烃泄漏，是引发火灾事故的直接原因。

2. 间接原因

（1）装置设备验收人员履行职责不到位。车间设备技术员作为该换热器检修负责人，没有认真履行设备验收职责，致使换热器检修质量存在的缺陷没有及时被发现，这是事故发生的一个间接原因。

（2）装置操作人员未按操作规程中换热器泄漏事故处理预案及时进行应急处理。在发现E507/1、2泄漏后，操作人员只通知施工单位进行消漏，未及时按应急处理方案进行工艺处理，未能避免泄漏的进一步扩大，是造成事故发生的一个间接原因。

(3) 维修人员没有及时到位，延误了最佳处理时机。7时38分，操作人员联系维修人员进行处理，在第二次催叫后，维修人员于7时56分左右才到现场，延误了E507消漏的最佳时机，造成设备泄漏加大，是事故发生的又一个间接原因。

(4) 装置设计存在缺陷。在装置设计中E507/1、2与下游工艺设备没有切断阀，致使发生火灾后，尽管工艺上采取了相应措施，仍无法有效地切断物料，是事故不能得到有效控制的原因。

技能提升　气体分馏装置仿真操作

一、训练目标

1. 熟悉气体分馏装置的工艺流程及相关流量、压力、温度等控制方法。
2. 掌握气体分馏装置开车前的准备工作、冷态开车及正常停车的步骤和常见事故的处理方法。

二、训练准备

1. 仔细阅读《气体分馏仿真实训系统操作说明书》，熟悉工艺流程及操作规范。
2. 熟悉仿真软件中各个流程画面符号的含义及操作方法；熟悉软件中控制组画面、手操组画面的内容及调节方法。

三、训练项目

1. 冷态开车操作。
2. 正常停车操作。
3. 事故处理操作

①冷却水中断；②蒸汽中断；③瞬间停电；④塔回流中断（泵坏）；⑤塔回流中断（阀卡）；⑥原料中断；⑦塔釜控制阀失灵；⑧塔釜再沸器结垢；⑨冲塔；⑩停仪表风。

思考训练

1. 绘出气分装置工艺流程图。
2. 绘制干气、液化气脱硫流程图。
3. 干气脱硫反应原理是什么？
4. 绘制液化气脱硫醇流程图。
5. 硫醇脱除原理是什么？
6. 气体分馏原理是什么？
7. 脱丙烷塔压力低的调节方法有哪些？

第六章 MTBE装置岗位群

工艺简介

MTBE（甲基叔丁基醚）是生产无铅、高辛烷值、含氧汽油的理想调和组分，作为汽油添加剂在全世界范围内普遍使用。MTBE具有良好的抗爆性，而且可与烃类染料以任何比例互溶，在汽油组分中有较好的调和稳定性。MTBE还能改善汽车性能，有助于降低汽车排放废气中的污染物含量，一般排放料减少29%～33%，烃排放量减少17.7%～18.2%，能改善汽车排放所造成的环境污染。另外，MTBE还是一种重要化工原料，如通过裂解可制备高纯异丁烯。本装置一般由反应部分、产品分离部分和甲醇回收部分三部分组成。

在设计MTBE生产装置时，根据装置的目的性不同，工艺路线也不相同。大体上讲可分为炼油型和化工型两种。

一、炼油型MTBE

炼油型MTBE工艺的特点是以生产MTBE为目标，产品MTBE用来调和汽油，提高汽油辛烷值。因此，对MTBE产品纯度和异丁烯的转化率要求都不苛刻，以投资少、消耗低、成本低廉为目的。这类装置目前国内占多数。它要求异丁烯转化率在95%（质量分数）以下，MTBE产品纯度≥97.5%即可。这种装置的醚化后C_4，用作烷基化原料或民用燃料，MTBE用来调和汽油提高汽油辛烷值。

近几年随着国家对车用汽油标准的升级，MTBE需求增加，许多MTBE装置在扩能改造的同时，把原料异丁烯的转化率提高到96%～99%，因此也采用催化蒸馏技术。尽管提高了异丁烯的转化率，但异丁烯的残余量仍偏高，不能作化工原料用，这些装置还是属于炼油型工艺。

炼油型工艺的MTBE反应器有列管式反应器（见图6-1）、筒式外循环式反应器（见图6-2）、膨胀床反应器（见图6-3）和混相床反应器等。这一类醚化反应器不同点是物流的流动方向和移出反应热的方法。但它们的共同点是反应物料在进共沸蒸馏后不再进行第二次醚

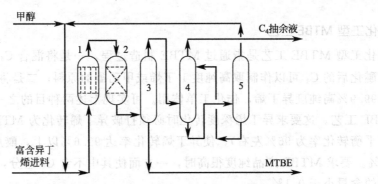

图6-1 列管式反应器MTBE生产工艺流程
1,2—反应器；3—蒸馏塔；4—脱甲醇塔；5—甲醇蒸馏塔

化反应,这样 MTBE 反应转化率都小于平衡转化率。

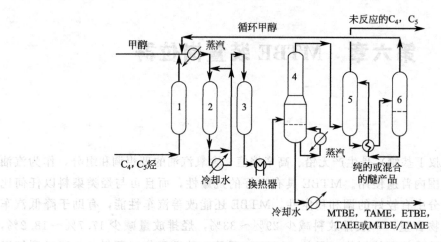

图 6-2 筒式外循环式反应器 MTBE 生产工艺流程
1—预处理塔;2,3—反应器;4—蒸馏塔;5—抽提塔;6—甲醇回收塔

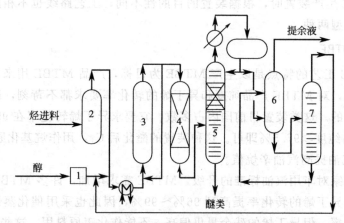

图 6-3 膨胀床反应器 MTBE 生产工艺流程
1—甲醇罐;2—预处理塔;3—膨胀床反应器;4—固定床反应器;
5—催化蒸馏塔;6—水洗塔;7—甲醇蒸馏塔

这样必须使用两级反应,即醚化→分离→再醚化→再分离的工艺流程或醚化→催化蒸馏工艺流程。

二、化工型 MTBE 工艺

所谓化工型 MTBE 工艺是指通过 MTBE 制造过程,一是将混合 C_4 中异丁烯几乎完全反应掉,醚化后的 C_4 可以作制取高纯度 1-丁烯或甲乙酮的原料;二是将 MTBE 产品分解后能得到≥99.9%高纯度异丁烯,作化工单体用。可实现上述两种目的之一的工艺,均称为化工型 MTBE 工艺。这要求异丁烯深度转化时必须打破异丁烯转化为 MTBE 的化学平衡(通常条件下平衡转化率为 96%左右),使异丁烯转化率达 99.6%以上,醚后 C_4 中异丁烯含量小于 0.2%。要求 MTBE 产品纯度很高时,一方面使其中不含 C_4 组分,另一方面要求甲基仲丁基醚的含量小于 0.1%。

图 6-4 中反应器 1 可以是列管式反应器,也可以是筒式外循环反应器或者是膨胀床反应

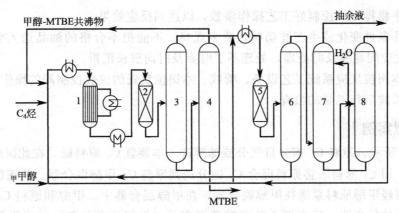

图 6-4 混相床 MTBE 生产工艺流程
1—管式反应器；2—绝热反应器；3—第一 C_4 蒸馏塔；4—甲醇-MTBE 共沸物蒸馏塔；
5—第二级反应器；6—第二 C_4 蒸馏塔；7—甲醇抽提塔；8—甲醇蒸馏塔

器。反应器 2 一般多是绝热式反应器。反应器 5 是第二级反应器。它的进料是经过蒸馏塔 3、蒸馏塔 4 分离，将 MTBE 从 C_4 分离后，即 C_4 中不含 MTBE，这种 C_4 进入反应器 5 中没有 MTBE 的影响，重新开始合成 MTBE 反应。将进料中的异丁烯组分，再一次进行合成 MTBE 反应，其异丁烯转化率在 90% 以上，经过二级 MTBE 反应，异丁烯的转化率达 99.6% 以上，其残余量一般在 0.2% 以下，可以作化工原料使用。

图 6-5 是催化蒸馏工艺，催化蒸馏技术是个复合技术，是在一个分离塔装填 MTBE 催化剂，在一个化工设备中同时完成 MTBE 分离和 C_4-MTBE 的分离任务。它能使 C_4 中异丁烯的转化率达到 99.9% 以上。这种新型技术，因为转化率高、流程简化、投资省、能耗低、效益高，现在深受用户欢迎。

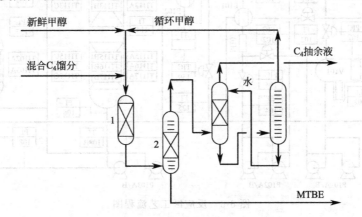

图 6-5 催化蒸馏 MTBE 生产工艺流程
1—固定床反应器；2—催化蒸馏塔

第一节 醚化反应操作岗位

【岗位任务】

1. 按生产的要求，控制好醚化反应程度，达到工艺要求。

2. 搞好平稳操作，控制好工艺操作参数，以达到反应效果。

3. 在操作条件变化或生产波动时，要多观察，不能把不合格的油品送入合格罐。做好巡回检查，发现问题要及时处理，处理不了时要及时向班长汇报。

4. 负责本岗位反应系统工艺设备、管线、本岗位负责的仪表控制阀的操作及检查。

5. 搞好系统运行机泵的检查。

【典型案例】

如图 6-6 所示，原料 C_4 馏分自气分或球罐进入本装置 C_4 原料罐，在此沉降分离可能携带的水分后，用 C_4 原料泵将原料混合 C_4 馏分送到原料 C_4-甲醇混合器。从罐区来的甲醇进入甲醇原料罐经甲醇原料泵送往甲醇混合器，在甲醇混合器中，甲醇和原料 C_4 进行充分混合，再进入保护反应器，反应器中装有酸性阳离子交换树脂催化剂，反应进料在适宜温度（35℃左右）下进入反应器，原料 C_4 中的异丁烯与甲醇反应生成 MTBE，同时有少量副反应生成物 TBA、DIB、DME 产生。由于反应是放热反应，通过催化蒸馏塔的压力记录调节阀来控制反应器的压力，（同时也控制了反应温度）使反应器内物料部分汽化，以带走反应热，从反应器出来的物料以汽液混相状态进入催化蒸馏部分。为满足甲醇泵低流量长期运行，泵出口有一路返回甲醇原料罐，并设有压力控制，以利于生产中醇烯比的调节。

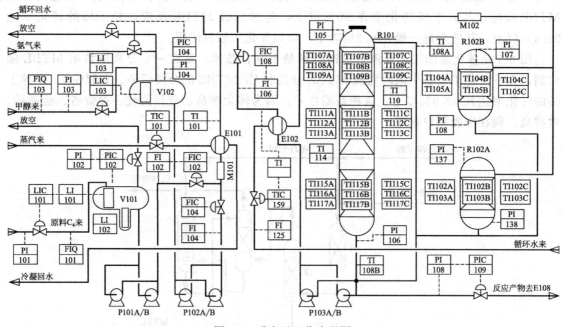

图 6-6 反应区工艺流程图

C_4 馏分中的异丁烯和工业甲醇，以大孔强酸性阳离子交换树脂为催化剂，在温度 40~80℃、压力 0.7~1.5MPa 操作条件下反应合成 MTBE，反应在液相中进行，属可逆放热反应。除合成 MTBE 的主反应外，在此反应条件下还存在下列副反应：原料中水与异丁烯反应生成叔丁醇（TBA），异丁烯自聚生成低聚物（DIB）；甲醇缩合生成二甲醚（DME）。反应条件选择适当及限制原料的含水量，副反应可得以控制。叔丁醇和异丁烯的低聚物也具有较高的辛烷值，可随 MTBE 调入汽油。合成 MTBE 的主反应选择性很高（98%~99%），副反应生成物有限，C_4 馏分中异丁烯之外的其他组分在反应条件下为惰性物质。原料中的碱性物质和金属阳离子是反应催化剂的毒物，应限制这些毒物的总量不超过 2×10^{-6}。随操作过程的延续，上述毒物将与树脂催化剂进行离子交换会使部分催化剂失活。

5.2 【工艺原理及设备】

一、催化醚化反应的反应原理及催化剂

MTBE 合成主要有两种原料，即异丁烯和甲醇，异丁烯不是单独存在的原料，它广泛存在于混合 C_4 中。两种原料分别放在储罐中。混合 C_4 和甲醇分别经管道送进料泵中，增压计量后合并到一条管道后，进入静态混合器，充分混合后再进入进料预热器中加热到预定温度后，就可以进入醚化反应器内。

1. 异丁烯与甲醇生成 MTBE 主反应

$$CH_3-\underset{\underset{CH_3}{|}}{C}=CH_2 + CH_3OH \rightleftharpoons CH_3-\underset{\underset{CH_3}{|}}{\overset{\overset{CH_3}{|}}{C}}-O-CH_3$$

2. 可能的副反应有

$$2CH_3-\underset{\underset{CH_3}{|}}{C}=CH_2 \longrightarrow CH_3-\underset{\underset{CH_3}{|}}{\overset{\overset{CH_3}{|}}{C}}-CH_2-\underset{\underset{CH_3}{|}}{C}=CH_2$$

$$CH_3-\underset{\underset{CH_3}{|}}{C}=CH_2 + H_2O \longrightarrow CH_3-\underset{\underset{CH_3}{|}}{\overset{\overset{CH_3}{|}}{C}}-OH$$

$$2CH_3OH \longrightarrow CH_3-O-CH_3 + H_2O$$

上述反应生成的异辛烯，叔丁醇、二甲基醚等副产品的辛烷值都不低，对产品质量没有影响，可留在产物 MTBE 中，不必进行产物分离。

催化醚化反应是在酸性催化剂作用下的正碳离子反应，其历程为：

$$CH_3-\underset{\underset{CH_3}{|}}{C}=CH_2 + H^+ \longrightarrow CH_3-\underset{\underset{CH_3}{|}}{\overset{\overset{CH_3}{|}}{C^+}}$$

$$CH_3-\underset{\underset{CH_3}{|}}{\overset{\overset{CH_3}{|}}{C^+}}-CH_3 + CH_3OH \longrightarrow CH_3-\underset{\underset{CH_3}{|}}{\overset{\overset{CH_3}{|}}{C}}-O-CH_3 + H^+$$

异丁烯和甲醇生成 MTBE 的反应是催化放热反应。反应条件是缓和的，较好的反应条件是 30～82℃，0.71～1.42MPa，使用强酸性离子交换树脂催化剂。

异丁烯和甲醇生成 MTBE 的反应受热力学平衡限制。反应温度低，有利于异丁烯转化；反应温度高，加快反应速度，但平衡向反方向转移，且增加副产物的生成量。甲醇的添加量一般稍高于化学计算量，有利于异丁烯转化，反应选择性有利于生成 MTBE。进料中甲醇对异丁烯的摩尔比从 1.05：1 到 1.30：1。但从工业实践看，1：1 更好一些。

不同温度下的平衡常数已经测得。例如，当异丁烯和甲醇的摩尔体积相等时，转化率只有 92%。甲醇过量不仅提高异丁烯的转化率，而且抑制异丁烯二聚。当甲醇摩尔体积过量 10% 时，MTBE 的选择性实际上就达到了 100%。

异丁烯生成 MTBE 的选择性较高，通常在 99% 左右。一般存在于原料中的正丁烯和丁二烯，实际上对反应没有影响。因为异丁烯反应的选择性极高，所以可使用异丁烯浓度低的原料，如炼油厂的催化裂化 C_4 馏分和乙烯厂的裂解 C_4 馏分，不需要进行分离或净化，这

一点在工业生产上非常有利。原料中有水存在,对催化活性无害,但会导致生成叔丁醇,减少 MTBE 的生成。

在反应条件(温度、空速和甲醇/异丁烯摩尔比)下,生成二异丁烯的选择性很低[<0.03%(摩尔分数)],甲醇影响二异丁烯的生成。二异丁烯存在并不影响 MTBE 产品质量和辛烷值性能。

二甲醚的生成量取决于温度、空速和甲醇浓度。在反应条件下,生成二甲醚的选择性很低。由于其沸点很低,与轻烃一起排出,在 MTBE 产品中并不存在。

3. 催化剂

工业上使用的催化剂一般为磺酸型二乙烯苯交联的聚苯乙烯结构的大孔强酸性阳离子交换树脂。使用这种催化剂时,原料必须净化以除去金属离子和碱性物质,否则金属离子会置换催化剂中的质子,碱性物质(如胺类等)也会中和催化剂上的磺酸根,从而使催化剂失活。

此类催化剂不耐高温,耐用温度通常低于120℃,正常情况下,催化剂寿命可达两年或两年以上。

4. 催化剂的失活和再生

(1) 引起树脂催化剂失活的原因如下。

① 催化剂的活性中心的氢离子被碱性阳离子取代,使催化剂失去酸性。

这里又分两种情况,一种是被碱性金属离子,如 Na^+、Fe^{3+}、K^+、Ca^{2+}、Mg^{2+} 等取代。这些金属离子的碱性很强,与催化剂接触后,立即使催化剂失去活性。在反应器内催化剂失活是层析式,即床层催化剂失活是从反应器进口向出口呈推进式。另一种是弱碱性有机氮化物,如有机胺、乙腈等,这种弱碱性有机胺类,与催化剂接触后,中毒性反应较慢。没有反应掉的毒性物向床层下游流动,它流到哪里就使部分催化剂失活,它能一直通过整个床层,这种失活,叫扩散性失活,也叫穿透性失活,这种弱碱性毒物不能用保护床的方法将它除去。

② 超温使催化剂上的磺酸根脱落,磺酸根脱落后,催化剂就没有活性了。另外脱落的磺酸根有很强的酸性,随物料流动,会对设备造成腐蚀。

③ 催化剂微孔被堵塞,使反应物料不能进入微孔内部进行化学反应,这种失活往往与超温失活同时发生。

(2) 醚化用树脂催化剂失活后的再生方法如下。

① 对催化剂微孔不溶性堵塞引起的失活,尚没有办法恢复催化剂的活性。

② 单纯的磺酸根脱落引起的催化剂失活,可以用再一次磺化处理的方法恢复催化剂的活性,但如果磺酸根脱落同时伴有微孔积炭堵塞,就不能完全恢复其活性。

③ 如果催化剂失活是因金属离子或碱性有机胺类中和而失活的,则可以用酸洗的方法将金属离子或有机胺洗下来,催化剂能恢复其大部分活性,可以继续在醚化反应中应用。这种酸洗再生的方法有腐蚀和废酸污染等问题,所以最好是在催化剂生产厂进行酸洗再生。

二、MTBE 反应的主要影响因素

1. 反应温度

在一定的异丁烯浓度和醇烯比下,反应温度的高低不仅影响异丁烯的转化率,而且也影响生成甲基叔丁基醚的选择性、催化剂寿命和反应速率。在低温时,反应速度低,反应转化率由动力学控制。随着反应温度的增加,平衡转化率下降,反应速率增加,达到平衡所需的时间缩短，因此在高温时，反应转化率受热力学控制。为增加平衡转化率、延长催化剂寿命、减少副反应、提高选择性，应当采用较低的反应温度。

2. 醇烯比

所谓醇烯比是指进料中的原料甲醇与异丁烯的摩尔比。甲醇与异丁烯合成甲基叔丁基醚是一个体积减小的可逆反应，增加一种原料的用量，可以提高另一种原料的转化率。当甲醇过量时，可使异丁烯的转化率增加，同时副产物异丁烯的二聚体的含量可以大大降低。当醇烯比很低时，异丁烯的聚合反应很激烈，常常由于强烈的放热而超温，致使烧坏催化剂。因此，可以通过调节进料中醇烯比来控制反应效果。醇烯比的大小，不仅对反应的选择性和转化率有影响，而且也影响分离流程的安排。

3. 反应压力

甲醇和异丁烯醚化生产 MTBE，其压力在较大范围内变化，对反应的转化率影响不明显对反应本身而言，压力大小的选择是控制反应在该条件下呈液相状态。但是，在工业装置上压力的选择还应考虑整个系统的阻力及分离系统所需的操作压力，一般可在 0.5～0.7MPa 范围内选择。

4. 原料异丁烯浓度

异丁烯可以通过多种途径得到，如蒸汽裂解装置的 C_4 抽余油，催化裂化装置的 C_4 馏分，未经抽提丁二烯的蒸汽裂解 C_4 馏分，正丁烯异构化和正丁烷异构化、脱氢等。由于异丁烯的来源不同，所以异丁烯的浓度也不同，结果异丁烯的转化率、生成 MTBE 的选择性和反应段数的选择均不同。众所周知，转化率、选择性的大小和反应段数的多少，与上面讨论的许多因素有关，还与成品甲基叔丁基醚的要求以及原料 C_4 的综合应用有关。

5. 其他因素

除了上述讨论的几个操作参数的影响之外，还有许多其他的因素影响反应，其中比较重要的是原料的预热温度。原料预热温度的高低可影响异丁烯的转化率和反应床层的温度分布。此外，当采用载热体移走反应热时，载热体的流量、温度等其他工艺参数也会影响反应。

反应温度、醇烯摩尔比、空速以及催化剂种类等因素均会影响二甲醚的生成量，控制适宜的工艺条件，可降低二甲醚的生成量。

此外不同催化剂对二甲醚生成量也有影响。

✱【操作规范】

反应岗位是 MTBE 装置的核心，它直接关系到产品的分布、质量和收率。所以本岗位的操作人员一定要严格执行工艺纪律，在工艺指标允许的范围内精心操作。由于醚化反应是一个放热反应，一定要控制好物料平衡，热平衡和压力平衡。

本部分主要由 C_4 原料罐、甲醇原料罐、C_4 原料泵、甲醇原料泵及预反应器组成。借助于醇烯比大线分析仪表，控制反应器进料中醇烯分子比为 1∶1。预反应器的作用是完成主要醚化反应（异丁烯转化率约为 90%），并同时进行原料净化。为控制反应温度，避免树脂催化剂在高温下活性流失，预反器应采用外循环冷却取热。

一、反应系统操作原则

① 保持原料碳四及甲醇量的稳定，不能随意改变原料运行，否则容易引起反应床层温度波动或产品质量不合格。

② 及时调整反应醇烯比。

③ 保持反应器和催化蒸馏塔反应稳定并控制在工艺指标之内，随时注意反应温度的变化。

④ 温度、压力对异丁烯转化率都有影响，调整时应视具体情况选择调节，不能同时调节。

⑤ 在反应初期，因催化剂活性较高，可在较低温度下进行；在反应后期因催化剂活性较低，应适当提高反应温度，以提高异丁烯的转化率。

二、反应系统正常操作法

① 控制反应器顶压力是本岗位的操作关键。

② 反应器的压力的高低决定了反应器床层的温度、反应器内物料的汽化率。

③ 控制好反应器进料中醇烯比是控制好 MTBE 产品转化率和质量的关键。

④ 原料中 C_3 轻组分含量过多时，催化蒸馏塔压力控制不稳，当塔顶冷凝器循环水全开仍不能将压力控制在相应指标内（0.8MPa），可在塔顶回流罐顶排放不凝气体以控制压力的平稳。

⑤ 控制回流罐液面在工艺指标内，保持萃取塔进料相对稳定。

⑥ 回流比直接影响共沸塔的操作，当回流比过大，其他条件不变，则塔底组成变轻。塔顶产品收率下降，同时若进料量一定，塔内气相速度提高，易产生雾沫夹带，降低塔板效率，回流比过小，塔顶组分变重，达不到产品质量的要求，使产品分离的效果降低，影响正常生产。

⑦ 根据化验分析反应器出口异丁烯及甲醇的含量及时调整醇烯比。

⑧ 小幅度地调整反应器进料温度，控制反应器床层温度处在最理想反应温度状态。严禁超温，防止烧坏催化剂。

⑨ 如未反应 C_4 中含有 MTBE$>50\times10^{-6}$（质量分数），及时调整催化蒸馏塔顶回流温度、回流量或塔底温度确保塔顶产品合格。

⑩ 根据灵敏板的温度变化趋势，及时调整操作。

第二节 分 馏 岗 位

【岗位任务】

1. 按生产的要求，控制好反应程度，达到工艺要求。
2. 搞好平稳操作，控制好工艺操作参数，以达到反应效果。
3. 在操作条件变化或生产波动时，要多观察，不能把不合格的油品送入合格罐。做好巡回检查，发现问题要及时处理，处理不了时要及时向班长汇报。
4. 负责本岗位反应系统工艺设备、管线、本岗位负责的仪表控制阀的操作及检查。

【典型案例】

图 6-7 所示从反应器来的汽液两相物料进入催化蒸馏塔（T101），通过气液相分馏，MTBE 产品从塔底馏出，剩余物料由塔顶气相线直接进入蒸馏塔（T102）。反应段中，物料里的剩余异丁烯与甲醇继续反应生成 MTBE，MTBE 在塔内不断被分出向下走，然后用中间泵抽出送到下塔进行气液相分馏，从而提高反应深度，使异丁烯达到更高的转化率。

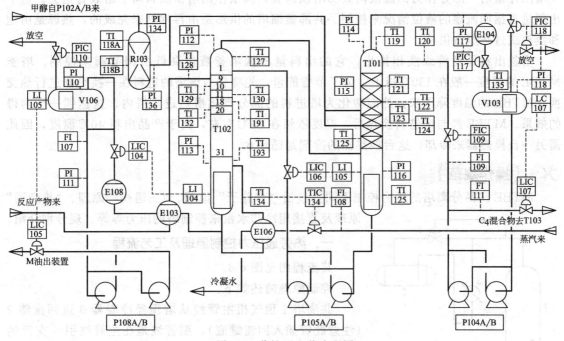

图 6-7 分馏区工艺流程图

在 T102 的操作条件下,甲醇与未反应 C_4 形成共沸物,从塔顶馏出,经塔顶冷凝器冷凝,冷凝液进入塔顶回流罐,经催化蒸馏塔回流泵,从塔顶回流罐抽出冷凝液,一部分作为萃取塔进料,一部分作为 T102 回流。

T101 底部馏出物为 MTBE 产品,该物料依靠塔的压力压出,与 102 进料换热后,再经 MTBE 产品冷却器冷却至 40℃以下后送往装置外 MTBE 产品罐区储存。

T101 底设有重沸器,该重沸器以蒸汽为介质,为催化蒸馏塔提供热源,重沸液从塔底进入重沸器部分汽化后返回 T101 底部空间。

【工艺原理及设备】

MTBE 从反应器出来时,它的组分是很复杂的,除产品 MTBE 外,还有没反应完全的混合 C_4 和甲醇,还有少量副反应产物如叔丁醇、二聚物和二甲醚等。MTBE 的沸点是 55.5℃,混合 C_4 的沸点是 $-7\sim6$℃,甲醇的沸点是 64.5℃,副反应产物因量很小可以不管它,仅这三种的分离也是很复杂的。甲醇沸点最高,但它与 C_4 和 MTBE 都形成共沸物,实验说明甲醇与 C_4 的亲和力远大于甲醇与 MTBE 的亲和力。甲醇与 C_4 的共沸物是低沸点共沸物,所以只要反应出的混合物中的甲醇含量不大于共沸物组成的量,就可以不考虑甲醇的分离。

MTBE 分离塔塔顶出料中可以泄出 C_4 各组分和它的共沸物甲醇,不可泄出 MTBE,塔釜出料中主要是 MTBE 和比它沸点高的水分,副产物叔丁醇和异丁烯二聚物等,MTBE 的质量含量要达到 98% 以上。

MTBE 分离塔也称作共沸蒸馏塔。它有精馏段和提馏段,分别保证塔顶和塔釜产品的纯度,塔顶出料以气相排出,经塔顶塔压力控制后进入冷凝器,将气相变成液相,并过冷 $5\sim10$℃进入回流罐,冷凝器冷剂是由 30℃±2℃ 的循环水供给的。冷凝液经管线进入回流泵增压计量后一部分作为回流液向共沸塔顶送去，其余作出塔顶出料向下游装置送去。这个出料量根据回流罐的液位情况来控制。共沸蒸馏塔的供热是由再沸器来完成的，热源是由饱和蒸汽或过热蒸汽供给。

塔釜出料是经管线液相排出，它的出料量根据塔釜液位高低由调节阀来控制。塔釜MTBE的温度一般在130℃以上，为了节省能量，先将它与该塔的进料在一换热器进行热交换，MTBE的温度降下来，热能转化为塔进料的部分汽化潜热进入塔内。这达到一举两得的效果。MTBE经与塔进料换热后，温度依然在75℃左右，高于产品出料40℃温度，因此需另一台换热器来冷却，这台换热器的冷剂是循环水。

【操作规范】

MTBE产品分离塔的压力控制不同：包括"卡脖子"原理、"三通阀"原理、"热旁通"原理及直接用冷却水量来控制塔的压力等等。现分别介绍。

一、热旁通压力控制原理及工艺流程

其流程图见图6-8。

控制原理简述如下。

共沸塔1顶气相主管线从塔顶经冷凝器3进回流罐2（注意此管插入回流罐底），副管线是在主管线引一支管到回流罐顶部，副管线上设一调节阀4，取压点在塔顶或主管线上。

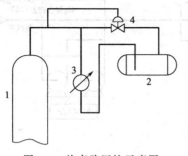

图6-8 热旁路压控示意图
1—共沸塔；2—回流罐；
3—冷凝器；4—调节阀

作用原理：调节主副管线内的物料量实现塔顶压力控制。如果说塔顶（与主管线相同）压力偏低，调节阀4开大一些，回流罐2的压力立即与塔顶压力相等。冷凝器位置低于回流罐，回流罐内存物料，从插底管通过主管道流入冷凝器内，并充满冷凝器，使冷凝器的冷却管不能对共沸塔的气相物料冷凝，共沸塔的气相物料则无处流动而憋压。此时共沸塔塔底仍在供热而产生大量气相物料向塔顶流动，因此使塔顶的压力增加，直到塔顶压力增加到略高于设定值后，塔顶调节阀4开始关闭一些。当塔顶压力高于回流罐内压力时，塔顶气相物料从主管道流动，经冷凝器后再到回流罐。在经过冷凝器时，气相物料变成液相物料。当塔内气化量与塔顶排出量相等时，塔的压力维持一定。一般冷凝器的液相出料都要过冷一些，回流罐内的压力略低于共沸塔的压力，所以共沸蒸馏塔的气相一直是从主管道经冷凝器流入回流罐。如果因某种原因，共沸塔顶压力高于给定值，自控仪表发出指令，使副线上的调节阀完全关闭，塔顶气相物料全部经主管线经冷凝器后再进入回流罐。

因热旁路的冷凝器的传热面积比常规计算值大，所以冷凝速度很快，能使共沸蒸馏塔内的气相物料快速冷凝成液相，从而能使塔的压力快速降下来，直到恢复到正常值为止。

因气相旁路管线没有冷凝器，温度较主管线高，所以称之为热旁路。

二、三通阀塔顶压力控制原理和工艺流程

三通阀控制塔顶压力的工艺流程如图6-9所示。

从共沸塔1顶馏出气相物料经主管道进入冷

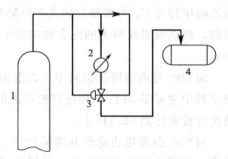

图6-9 三通阀压控示意图
1—共沸塔；2—冷凝器；3—三通阀；4—回流罐

凝器 2 中，使气相物相物料冷凝为液相物料（冷流），经过三通阀进回流罐 4 中，另外在塔顶气相物料在进入冷凝器 2 前，引出一支管线到三通阀另一次流口（热流），与三通阀的冷流一起进入回流罐 4 内，三通阀的采压点设在塔顶出料的主管线上（也有设在回流罐顶部）。

其工作原理是三通阀的两个进料口，即热流口、冷流口，经三通阀后混合成一定压力的流体，阀杆上下移动时，调节冷流和热流的比例。冷流量加大，即冷凝器使塔顶气相物料被冷凝量加大，可使塔顶压力很快地降下来。相反，热流量加大，冷流量减小，塔的气相物料被冷凝的量就减少，塔的压力就逐渐升高。三通阀的阀杆上下移动，受采力点的参数影响，这个参数通过变送器和调节器实现自动控制。通过三通阀，使冷流和热流处在一个适当的比例，从而使塔的压力处在限定的范围内。采压点也可改为采温点，调节一定的混合物料，即控制塔的压力，因为饱和压力有对应的温度，二者互为函数关系。

三、卡脖子压力控制原理和工艺流程

卡脖子压控示意图见图 6-10。

流程及控制原理简述如下。

共沸塔 1 塔顶排出气相物料进冷凝器 2，经调节阀 3 进回流罐 4。因调节阀直接设在出料管道上，关闭调节阀，可使共沸蒸馏塔增压；调节阀全开，可使共沸蒸馏塔压力降低，作用非常迅速。这种调节压力方法适于装置规模较小的情况，因为装置规模大了，管线直径大，没有适宜的调节阀。调节阀的位置也可以在放冷凝器前，其原理是一样的，作用可能更快一点，但调节阀的通径要大得多。

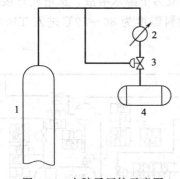 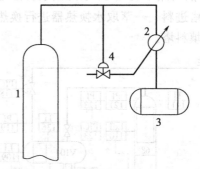

图 6-10　卡脖子压控示意图　　　　　图 6-11　冷却水量压控示意图
1—分离塔；2—冷凝器；3—调节阀；4—回流罐　　1—分离塔；2—冷凝器；3—回流罐；4—调节阀

四、用冷却水量控制塔顶压力

用冷却水量控制塔顶压力流程如图 6-11 所示。

工艺流程及控制原理简述如下。

共沸蒸馏塔 1 的气相物料从塔顶排出进冷凝器 2，变成液相后进入回流罐 3。调节阀 4 是调节冷凝器的冷却水量，它的采压点设在塔顶或塔顶汽相管道上。如果塔的压力偏高，调节阀 4 开度加大，增大冷却水量，使冷凝器冷凝效率加大，让更多的汽相物料变为液相进入回流罐，这样可使塔的压力降下来。如果塔的压力偏低，调节阀关小，冷凝水量减少，有部分汽相物料没有冷凝而进入回流罐，回流罐压力升高，减少了塔的汽相物料的排出，塔的压力很快升上来了。调节阀始终将冷却水量调在一个适当值，使塔的压力处于一个稳定

的范围内。调节冷却水量也可以用冷凝器出料温度或冷却水的出口水温来实现自控塔的压力。因为温度和压力互为函数关系,一个温度下的饱和蒸气压是一定的,这些都是常用的基本方法。

第三节 甲醇回收岗位

【岗位任务】

共沸塔顶馏出物中的甲醇采用水洗和常规蒸馏的方法加以分离回收。由于甲醇在水和 C_4 馏分中的溶解度差别很大,故可将 C_4 和甲醇的共沸物先经水洗,使其中的甲醇为水所萃取,使萃余液——未反应 C_4 中的甲醇含量达到 $\leqslant 50 \times 10^{-6}$。萃取液是含有微量烃类的甲醇水溶液。该水溶液借助常规蒸馏可实现甲醇和水的分离。塔顶回收甲醇循环使用,塔底基本不含甲醇的水则可用作萃取甲醇的溶剂。本部分由甲醇萃取塔、甲醇回收塔及相应配套设备组成。

【典型案例】

如图6-12所示,反应剩余甲醇与未反应 C_4 的共沸混合物,用催化蒸馏塔回流泵从回流罐中抽出,一部分作为T102的回流;另一部分则经萃取塔进料冷却器冷却至40℃后,送至甲醇萃取塔下部。萃取水经萃取水泵送出,经萃取水冷却器冷却至38℃左右,从萃取塔上部进入。在萃取塔中,甲醇与未反应 C_4 的混合液为分散相,萃取水为连续相,两液相流连续逆向接触,使甲醇为水所萃取,萃余液即基本不含甲醇的为反应 C_4,从塔顶排至未反应 C_4 罐,然后用未反应 C_4 泵送出装置至罐区储存。萃取液为甲醇水溶液,从塔底直接排至甲醇萃取塔进料——萃取水换热器进行换热,换热后的物料温度为80~89℃进入T104中部。该塔为填料塔。

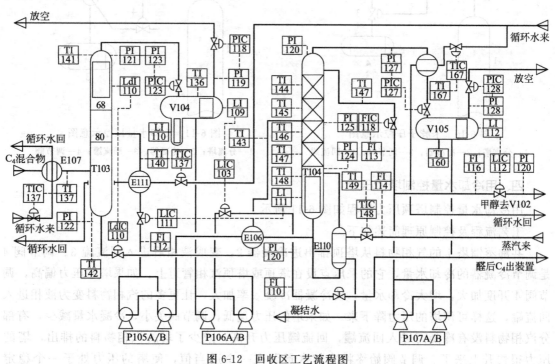

图6-12 回收区工艺流程图

T104 的压力由塔顶出口管线上的压力调节阀来控制，进入 T104 萃取水流量由出口管线上流量调节阀来控制。

T103 顶部馏出物是含微量水和 C_4 的甲醇混合物，经过塔顶冷却器冷凝，然后进入回流罐。回流罐为常压操作，回流罐顶微量气体经放空管放入大气。

T104 底部排出的是含微量甲醇的水，在换热器与进料换热，被冷却后进入萃取水泵，作为萃取水送入 T103 上部循环使用。

T104 底部设有重沸器，该重沸器以蒸汽为加热介质，为回收甲醇提供热源。T104 精馏段为顶回流控制，以流量调节阀调节回流量。塔底重沸器设有蒸汽流量调节。

【工艺原理及设备】

一、甲醇萃取原理

从共沸蒸馏塔顶或催化蒸馏塔顶流出的 C_4 组分中含有与 C_4 形成共沸物的 1%～3% 的甲醇。含甲醇的 C_4 混合物料既不能用作烷基化原料，也不能做民用液化气燃料，必须将二者分离。

一般蒸馏的方法对已形成的共沸物是不能分离的，因此选择萃取的方法。水与 C_4 不互溶，却能与甲醇完全互溶，因此能把 C_4 共沸物中的甲醇萃取出来，使 C_4 中的甲醇质量残余量小于 0.01%，含甲醇的水溶液的相对密度大于 C_4 的相对密度，很容易沉降分离，用一个萃取塔完成这一过程。作为萃取剂的纯水从塔的上部进入，C_4 与甲醇的共沸物从塔的底部进入，水为连续相，C_4 为分散相，二者逆向流动，在塔内填料（或筛板塔盘）的作用下，两相充分接触并完成传质萃取过程，使 C_4 中的甲醇进入水相。水相经塔釜沉降后从釜底排出，C_4 相经萃取塔顶扩大段的减速沉降，使 C_4 相不含游离水后，从萃取塔顶部排出进入一个 C_4 缓冲罐，经再一次沉降脱水后即可出装置。萃取塔底排出的甲醇水溶液进入一个换热器，预热到一定温度后进甲醇回收塔，回收其中的甲醇。

二、甲醇回收原理

甲醇回收塔进料是含甲醇 8% 的水溶液，经分离，将甲醇和水分开，塔顶得含甲醇 99.0% 以上的甲醇，塔釜得 99.9% 以上的水，从而达到回收甲醇的目的。

甲醇回收塔分离甲醇的工作原理是依据组分挥发度不同而达到分离的目的。

【操作规范】

一、回收系统操作原则

① 控制好催化蒸馏塔、萃取塔液位的稳定。
② 控制好各个参数点的生产指标在规定的范围内。

二、回收系统正常操作法

① 保持萃取塔进料流量的稳定，控制好萃取塔进料冷却器的循环水流量，控制好萃塔进料温度的稳定。
② 保持萃取塔塔压力的稳定，控制在工艺指标范围内（0.5～0.6MPa）。
③ 保持萃取塔萃取水流量的稳定，用萃取水冷却器循环水的流量控制萃取塔萃取水的温度，使其在工艺指标范围内（35～45℃）。控制料水比（进料量与萃取水质量之比）在 5.5 左右。

④ 保持萃取塔顶界位稳定，严禁界位超高从而防止未反应 C_4 携带水和甲醇到下游罐区内。
⑤ 保持甲醇回收塔进料的稳定。
⑥ 稳定甲醇回收塔底液位。
⑦ 保持甲醇回收塔回流温度及回流量的稳定。
⑧ 严格控制甲醇回收塔进料温度在工艺指标范围之内。
⑨ 系统内的水不足用萃取水泵入口补充脱盐水或经脱盐水补充罐补充脱盐水。

思考训练

1. 为什么欧美国家要限制 MTBE 的生产？目前我国已开发了哪些 MTBE 生产新技术？
2. 甲基叔丁基醚生产工艺的主要原料有哪些？
3. MTBE 工业装置的主要类型有哪些？
4. 以炼厂气生产高辛烷值组分的工艺过程有哪些？
5. MTBE 的反应机理是什么？
6. MTBE 装置的催化剂是什么？催化剂失活原因有哪些？如何再生？
7. MTBE 反应的主要影响因素有哪些？

第七章 加氢精制装置岗位群

工艺简介

催化加氢为石油加工的一个重要过程，对提高原油加工深度，合理利用石油资源，改善产品质量，提高轻质油收率及减少大气污染都具有重要意义。现今随着原油质量日益变差，市场和环境对优质的中间馏分油需求越来越多，催化加氢更显重要。

催化加氢是在氢气存在下对石油馏分进行催化加工过程的通称，包括加氢精制和加氢裂化等。

加氢精制作为催化加氢的主要组成部分，其目的在于脱除油品中的硫、氮、氧及金属等杂质，同时还使烯烃、二烯烃、芳烃和稠环芳烃选择加氢饱和，从而改善原料的品质和产品的使用性能。加氢精制具有原料油的范围宽，产品灵活性大，液体产品收率高，产品质量高，对环境友好，劳动强度小等优点，广泛用于原料预处理和产品精制。

加氢精制的原料有汽油、柴油、煤油和润滑油等各种石油馏分，其中包括直馏馏分和二次加工产物，此外还有重质油的加氢脱硫。本节主要介绍馏分油加氢精制，主要是二次加工汽油、柴油的精制和含硫、芳烃高的直馏煤油馏分的精制。

石油馏分加氢精制尽管因原料和加工目的不同有所区别，但其基本原理都是采用固定床绝热反应器，因此，加氢精制的原理工艺流程原则上没有区别。以柴油加氢精制工艺流程为例介绍加氢精制的流程。

如图 7-1 所示，原料油和新氢、循环氢混合后，与反应产物换热后，再经加热炉加热到一定温度后进入反应器（这种流程称为炉前混氢，有些装置也采用循环氢不经加热炉而是在炉后与原料油混合的流程——称为炉后混氢，此时也应保证混合后能达到反应器入口温度的要求），完成硫、氮等非烃化合物的氢解和烯烃加氢反应。反应产物从反应器底部导出，经换热冷却进入高压分离器，分出不凝气和氢气循环使用，馏分油则进入低压分离器进一步分离出轻烃组分，产品则去分馏系统分馏成合格产品。由于加氢精制过程为放热反应，放热量一般在 290~420kJ/kg，循环氢本身可带走反应热。对于芳烃含量较高的原料，而又需深度

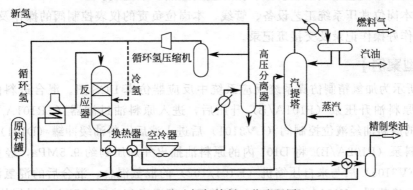

图 7-1 柴油加氢精制工艺流程图

芳烃饱和加氢时，由于反应热大，单靠循环氢不足以带走反应热，因此需在反应器床层间加入冷氢，来控制床层温度。

在处理含硫、氮含量较低的馏分油时，一般在高压分离器前注水，即可将循环氢中的硫化氢和氨除去。处理高含硫原料，循环氢中硫化氢含量达到1%以上时，常用硫化氢回收系统，一般用乙醇胺吸收来除去硫化氢，富液再生循环使用，流程见图7-2。解吸出来的硫化氢则送去制硫装置。

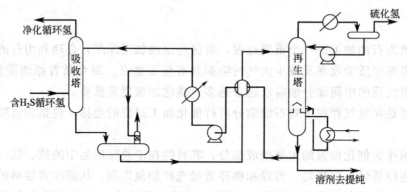

图7-2 循环氢脱 H_2S 工艺流程

加氢精制车间生产岗位有反应岗、分馏岗、压缩机岗、加热炉岗、PSA岗等，在生产中各岗位必须严格按照岗位操作规范进行操作，以确保生产的正常进行。以某企业柴油加氢精制为例，介绍加氢精制车间主要岗位的操作规范。

第一节 反应岗位

【岗位任务】

1. 岗位的任务是为加氢脱氮、脱硫、脱氧、脱金属提供场所，使石油馏分的精制升级成为可能。
2. 在安全平稳的前提下取得最好的产品质量是反应岗位操作的核心。严格按工艺指标控制加热炉出口温度，反应器床层温度，高、低分压力，保证安全平稳操作。严格遵守巡回检查制度，发现异常现象及时联系处理，避免各类事故的发生。
3. 按规定采集反应生成油、新氢、循环氢及加热炉烟道气。
4. 负责本岗位常压系统工艺设备、管线、本岗位负责的仪表控制阀的操作及检查。
5. 及时作好操作记录及交接班记录。

【典型案例】

图7-3所示为加氢精制仿真系统反应系统中反应器仿真DCS图。混合进料由原料罐区进装置，经原料油升压泵（P101A/B）升压后，进入原料油过滤器（SR101A/B）进行过滤。过滤后的原料油经液位控制阀（LV3101）后进入滤后原料油缓冲罐（D101）。

反应进料泵（P102A/B）将D101内的原料油抽出并加压到约9.5MPa，经反应进料流量控制阀（FV3105）后与来自压缩机（K101/102）的混氢混合。混合后的混氢油进入反应产物与混氢油换热器（E103A/B、E101）换热至一定温度，然后经反应进料加热炉（F101

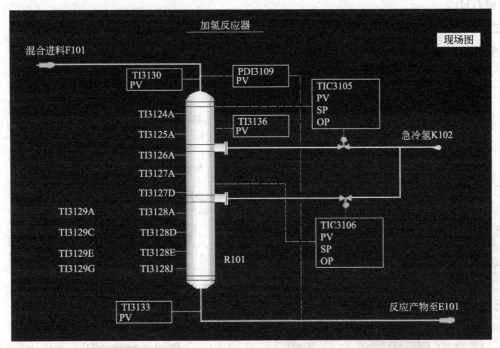

图 7-3 加氢反应器仿真 DCS 图

加热,经加热后约 350℃ 的反应进料进入柴油加氢反应器(R101)进行加氢反应。在加氢反应器中,原料油和氢气在催化剂作用下,进行加氢脱硫、脱氮、烯烃饱和以及芳烃饱和等加氢反应。

自压缩机(K102)来的急冷氢经温度控制阀由加氢反应器(R101)中部打入,来控制整个加氢反应过程的温升。反应产物(370℃)先后经反应产物与混氢油换热器(E101)、反应产物与低分油换热器(E102)、反应产物与混氢油(E103A/B)换热到约 120℃ 进入反应产物空冷器(A101A/B/C/D)进行冷却,冷却至 50℃ 左右进入高压分离器(D103)进行气液分离。反应产物在高压分离器内分离为循环氢、高分油、酸性水。高压分离器(D103)顶气体至 C203 脱硫后至循环氢分液罐(D105)分液后,再经循环氢压缩机(K102)升压,与来自新氢压缩机的新氢混合,返回到反应系统,作为循环氢。另外循环氢分液罐(D105)顶气体也可经流量控制阀(FV3114)排放。

为保证压缩机(K102)的入口流量,在反应空冷器前设有反飞动线。

为防止产生氨盐结晶堵塞反应空冷器管束,在反应空冷器前注入适量软化水。

从高压分离器(D103)中部出来的高分油经液位控阀(LV3109)送入低压分离器(D104)进行油、水、气三相分离。自低压分离器分离出来的低分油去分馏部分。低压分离器顶气体与循环氢分液罐顶气体合在一起送出装置,从高压分离器及低压分离器底部出来的含硫含氨污水分别经界位控制阀(LV3108、LV3114)减压后,送出装置。

【工艺原理及设备】

一、加氢反应器的作用

加氢反应器是加氢精制装置的核心设备,是加氢精制反应的场所,主要操作于高温高压环境中,且进入到反应器的物料中往往含有硫和氮等杂质,与氢反应分别形成具有腐蚀性的

H_2S 和 NH_3。

二、加氢反应器设备结构及特点

反应器顶部分配盘如图 7-4 所示。

图 7-4 反应器顶部分配盘

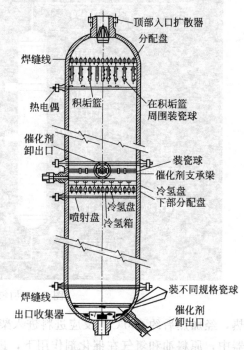

图 7-5 固定床反应器

按照工艺流程及结构分类,加氢反应器可分为固定床反应器(见图 7-5)、移动床反应器(见图 7-6)和流化床反应器(见图 7-7)。其中固定床反应器使用最为广泛,它的特点为催化剂不宜磨损,催化剂在不失活的情况下可长期使用,主要适于加工固体杂质、油溶性金

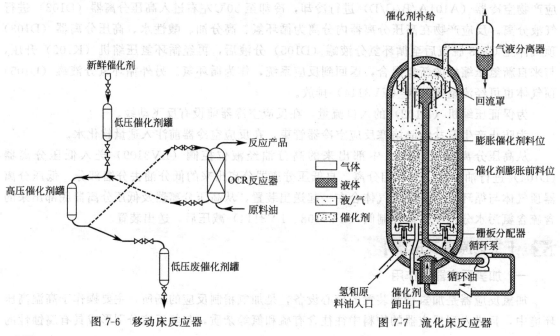

图 7-6 移动床反应器 图 7-7 流化床反应器

属含量少的油品。移动床反应中生产过程中催化剂连续或间断移动加入或卸出反应器,主要适于加工有较高金属有机化合物及沥青质的渣油原料,可避免床层堵塞及催化剂失活问题。流化床反应器中原料油及氢气自反应器下部进入通过催化剂床层,使催化剂流化并被流体托起,主要也适于加工有较高金属有机化合物、沥青质及固体杂质的渣油原料。

反应器本体经历了由单层到多层的阶段,在单层结构中又有钢板卷焊结构和锻焊结构两种。多层结构也有绕带式、热套式等多种形式。至于选择哪种结构,主要取决于使用条件、反应器尺寸、经济性和制造周期等诸多因素。后来由于冶金、锻造等技术的进步,单层锻造结构或厚板卷焊结构的反应器又逐渐占了统治地位。其中以锻焊结构的优点明显多,表现在:

① 实心锻造可清除钢锭中的偏析和夹杂,20 世纪 80 年代开发的中空锭锻造技术既可降低锭中的碳偏析,又可使锻件制造时间大为缩短;

② 锻造变形过程的拔长、扩孔等工艺,使锻件各向性能差别较小,增加内部致密度,所以材料的均质性和致密性较好;

③ 焊缝较少,特别是没有纵焊缝,从而提高了反应器耐周向应力的可靠性,同时也可缩短制造周期及减少制造和使用过程中对焊缝检查的工作量;

④ 锻造筒的粗糙度和尺寸精度高,可方便筒节对接,错边量小;

⑤ 反应器内部支撑结构可加工成与筒体一体的结构,这对于防止有关的脆性损伤很有好处。

从使用状态下其高温介质是否直接与器壁接触来看,又分为冷壁结构(见图 7-8)和热壁结构(见图 7-9)。为了易于解决反应器用材的耐氢腐蚀和硫化氢腐蚀等问题,在反应器内表面衬非金属隔热衬里结构或通以温度不高的氢气以达到保护反应器不直接受高温高压氢腐蚀的另一种带"瓶衬"的结构称为冷壁结构;反之称为热壁结构。

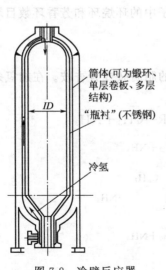

图 7-8 冷壁反应器

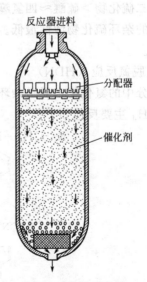

图 7-9 热壁反应器

热壁结构是伴随着冶金技术和堆焊技术的进步而出现的,与冷壁结构相比,具有以下优点。

① 器壁相对不易产生局部过热现象,从而可提高使用的安全性。而冷壁结构在生产过

程中隔热衬里较易损坏，热流体渗到壁上，导致器壁超温，使安全生产受到威胁或被迫停工。

② 可以充分利用反应器的容积，其有效容积利用率可达80%~90%。

三、加氢精制反应

加氢精制反应主要涉及两个类型反应过程，一是除去氧、硫、氮及金属等少量杂质的加氢处理过程反应，二是涉及烃类加氢反应。

（一）加氢处理反应

1. 加氢脱硫反应（HDS）

石油馏分中的硫化物主要有硫醇、硫醚、二硫化合物及杂环硫化物，在加氢条件下发生氢解反应，生成烃和H_2S，主要反应如：

$$RSH + H_2 \longrightarrow RH + H_2S$$

$$R{-}S{-}R + 2H_2 \longrightarrow 2RH + H_2S$$

$$(RS)_2 + 3H_2 \longrightarrow 2RH + 2H_2S$$

$$\underset{S}{\overset{R}{\bigcirc}} + 4H_2 \longrightarrow R{-}C_4H_9 + H_2S$$

$$\text{(二苯并噻吩)} + 2H_2 \longrightarrow \text{(联苯)} + H_2S$$

对于大多数含硫化合物，在相当大的温度和压力范围内，其脱硫反应的平衡常数都比较大，并且各类硫化物的氢解反应都是放热反应。

石油馏分中硫化物的C—S键的键能比C—C和C—N键的键能小。因此，在加氢过程中，硫化物的C—S键先断裂生成相应的烃类和H_2S。

各种硫化物在加氢条件下反应活性因分子大小和结构不同存在差异，其活性大小的顺序为：硫醇＞二硫化物＞硫醚≈四氢噻吩＞噻吩。

噻吩类的杂环硫化物活性最低。并且随着其分子中的环烷环和芳香环数目增加，加氢反应活性下降。

2. 加氢脱氮反应（HDN）

石油馏分中的氮化物主要是杂环氮化物和少量的脂肪胺或芳香胺。在加氢条件下，反应生成烃和NH_3主要反应如下：

$$R{-}CH_2{-}NH_2 + H_2 \longrightarrow R{-}CH_3 + NH_3$$

$$\text{(吡啶)} + 5H_2 \longrightarrow C_5H_{12} + NH_3$$

$$\text{(喹啉)} + 7H_2 \longrightarrow \text{(丙基环己烷)} + NH_3$$

$$\text{(吡咯)} + 4H_2 \longrightarrow C_4H_{10} + NH_3$$

加氢脱氮反应包括两种不同类型的反应，即C=N的加氢和C—N键断裂反应，因此，加氢脱氮反应较脱硫困难。加氢脱氮反应中存在受热力学平衡影响的情况。

馏分越重，加氢脱氮越困难。主要因为馏分越重，氮含量越高；另外重馏分氮化物结构也越复杂，空间位阻效应增强，且氮化物中芳香杂环氮化物最多。

3. 加氢脱氧反应（HDO）

石油馏分中的含氧化合物主要是环烷酸及少量的酚、脂肪酸、醛、醚及酮。含氧化合物在加氢条件下通过氢解生成烃和 H_2O，主要反应如下：

$$\text{C}_6\text{H}_5\text{OH} + H_2 \longrightarrow \text{C}_6\text{H}_6 + H_2O$$

$$\text{C}_6\text{H}_{11}\text{COOH} + 3H_2 \longrightarrow \text{C}_6\text{H}_{11}\text{CH}_3 + 2H_2O$$

含氧化合物反应活性顺序为：

呋喃环类＞酚类＞酮类＞醛类＞烷基醚类

含氧化合物在加氢反应条件下分解很快，对杂环氧化物，当有较多的取代基时，反应活性较低。

4. 加氢脱金属（HDM）

石油馏分中的金属主要有镍、钒、铁、钙等，主要存在于重质馏分，尤其是渣油中。这些金属对石油炼制过程，尤其对各种催化剂参与的反应影响较大，必须除去。渣油中的金属可分为卟啉化合物（如镍和钒的络合物）和非卟啉化合物（如环烷酸铁、钙、镍）。以非卟啉化合物存在的金属反应活性高，很容易在 H_2/H_2S 存在条件下，转化为金属硫化物沉积在催化剂表面上。而以卟啉型存在的金属化合物先可逆地生成中间产物，然后中间产物进一步氢解，生成的硫化态镍以固体形式沉积在催化剂上。加氢脱金属反应如下：

$$R-M-R' \xrightarrow{H_2,H_2S} MS+RH+R'H$$

由上可知，加氢处理脱除氧、氮、硫及金属杂质进行不同类型的反应，这些反应一般是在同一催化剂床层进行，此时要考虑各反应之间的相互影响。如含氮化合物的吸附会使催化剂表面中毒，氮化物的存在会导致活化氢从催化剂表面活性中心脱除，而使 HDO 反应速率下降。也可以在不同的反应器中采用不同的催化剂分别进行反应，以减小反应之间的相互影响和优化反应过程。

（二）烃类加氢反应

烃类加氢反应主要涉及两类反应，一是有氢气直接参与的化学反应，如加氢裂化和不饱和键的加氢饱和反应，此过程表现为耗氢；二是在临氢条件下的化学反应，如异构化反应。此过程表现为，虽然有氢气存在，但过程不消耗氢气，实际过程中的临氢降凝是其应用之一。

1. 烷烃加氢反应

烷烃在加氢条件下进行的反应主要有加氢裂化和异构化反应。其中加氢裂化反应包括 C—C 的断裂反应和生成的不饱和分子碎片的加氢饱和反应。异构化反应则包括原料中烷烃分子的异构化和加氢裂化反应生成的烷烃的异构化反应。而加氢和异构化属于两类不同反应，需要两种不同的催化剂活性中心提供加速各自反应进行的功能，即要求催化剂具备双活性，并且两种活性要有效的配合。烷烃进行反应描述如下：

$$R_1-R_2+H_2 \longrightarrow R_1H+R_2H$$

$$n\text{-}C_nH_{2n+2} \longrightarrow i\text{-}C_nH_{2n+2}$$

烷烃在催化加氢条件下进行的反应遵循正碳离子反应机理，生成的正碳离子在 β 位上发生断键，因此，气体产品中富含 C_3 和 C_4。由于既有裂化又有异构化，加氢过程可起到降凝作用。

2. 环烷烃加氢反应

环烷烃在加氢裂化催化剂上的反应主要是脱烷基、异构和开环反应。环烷正碳离子与烷烃正碳离子最大的不同在于前者裂化困难，只有在苛刻的条件下，环烷正碳离子才发 β 位断裂。带长侧链的单环环烷烃主要是发生断链反应。六元环烷相对比较稳定，一般是先通过异构化反应转化为五元环烷烃后再断环成为相应的烷烃。双六元环烷烃在加氢裂化条件下往往是其中的一个六元环先异构化为五元环后再断环，然后才是第二个六元环的异构化和断环。这两个环中，第一个环的断环是比较容易的，而第二个环则较难断开。此反应途径描述如下：

$$\text{双环己烷} \longrightarrow \text{甲基茚满烷} \longrightarrow \text{C}_4\text{H}_9\text{-环己烷} \longrightarrow \text{C}_4\text{H}_9\text{-甲基环戊烷} \longrightarrow i\text{-C}_{10}\text{H}_{12}$$

环烷烃异构化反应包括环的异构化和侧链烷基异构化。环烷烃加氢反应产物中异构烷烃与正构烷烃之比和五元环烷烃与六元环烷烃之比都比较大。

3. 芳香烃加氢反应

苯在加氢条件下反应首先生成六元环烷，然后发生前述相同反应。

烷基苯加氢裂化反应主要有脱烷基、烷基转移、异构化、环化等反应，使得产品具有多样性。$C_1 \sim C_4$ 侧链烷基苯的加氢裂化，主要以脱烷基反应为主，异构和烷基转移为次，分别生成苯、侧链为异构程度不同的烷基苯、二烷基苯。烷基苯侧链的裂化既可以是脱烷基生成苯和烷烃；也可以是侧链中的 C—C 键断裂生成烷烃和较小的烷基苯。对正烷基苯，后者比前者容易发生，对脱烷基反应，则 α-C 上的支链越多，越容易进行。以正丁苯为例，脱烷基速率有以下顺序：叔丁苯＞仲丁苯＞异丁苯＞正丁苯。

短烷基侧链比较稳定，甲基、乙基难以从苯环上脱除。C_4 或 C_4 以上侧链从环上脱除很快。对于侧链较长的烷基苯，除脱烷基、断侧链等反应外，还可能发生侧链环化反应生成双环化合物。苯环上烷基侧链的存在会使芳烃加氢变得困难，烷基侧链的数目对加氢的影响比侧链长度的影响大。

对于芳烃的加氢饱和及裂化反应，无论是降低产品的芳烃含量（生产清洁燃料），还是降低催化裂化和加氢裂化原料的生焦量都有重要意义。在加氢裂化条件下，多环芳烃的反应非常复杂，它只有在芳香环加氢饱和反应之后才能开环，并进一步发生随后的裂化反应。稠环芳烃每个环的加氢和脱氢都处于平衡状态，其加氢过程是逐环进行，并且加氢难度逐环增加。

4. 烯烃加氢反应

烯烃在加氢条件下主要发生加氢饱和及异构化反应。烯烃饱和是将烯烃通过加氢转化为相应的烷烃；烯烃异构化包括双键位置的变动和烯烃链的空间形态发生变动。这两类反应都有利于提高产品的质量。其反应描述如下：

$$R-CH=CH_2 + H_2 \longrightarrow R-CH_2-CH_3$$
$$R-CH=CH-CH=CH_2 + 2H_2 \longrightarrow R-CH_2-CH_2-CH_2-CH_3$$
$$n\text{-}C_nH_{2n} \longrightarrow i\text{-}C_nH_{2n}$$
$$i\text{-}C_nH_{2n} + H_2 \longrightarrow i\text{-}C_nH_{2n+2}$$

焦化汽油、焦化柴油和催化裂化柴油在加氢精制的操作条件下，其中的烯烃加氢反应是完全的。因此，在油品加氢精制过程中，烯烃加氢反应不是关键的反应。

值得注意的是，烯烃加氢饱和反应是放热效应，且热效应较大。因此对不饱和烃含量高油品加氢时，要注意控制反应温度，避免反应床层超温。

四、加氢精制催化剂

加氢精制催化剂中常用的加氢活性组分有铂、钯、镍等金属和钨、钼、镍、钴的混合硫化物，它们对各类反应的活性顺序为：

加氢饱和 Pt，Pb＞Ni＞W-Ni＞Mo-Ni＞Mo-Co＞W-Co

加氢脱硫 Mo-Co＞Mo-Ni＞W-Ni＞W-Co

加氢脱氮 W-Ni＞Mo-Ni＞Mo-Co＞W-Co

为了保证金属组分以硫化物的形式存在，在反应气体中需要一个最低的 H_2S 和 H_2 分压之比值，低于这个比值，催化剂活性会降低和逐渐丧失。

加氢活性主要取决于金属的种类、含量、化合物状态及在载体表面的分散度等。

活性氧化铝是加氢处理催化剂常用的载体，这主要是因为活性氧化铝是一种多孔性物质，它具有很高的表面积和理想的孔结构（孔体积和孔径分布），可以提高金属组分和助剂的分散度。制成一定颗粒形状的氧化铝还具有优良的机械强度和物理化学稳定性，适宜于工业过程的应用。载体性能主要取决于载体的比表面积、孔体积、孔径分布、表面特性、机械强度及杂质含量等。

✘【操作规范】

一、正常操作

影响石油馏分加氢精制的主要因素有反应压力、反应温度、空速和氢油比、原料性质和催化剂等。

1. 反应器入口温度的调节

(1) 影响因素

① 进料量变化；

② 循环氢、新氢流量的变化；

③ 燃料气压力、流量及组分变化；

④ 原料带水；

⑤ 阻火器堵；

⑥ 原料组分变化。

(2) 调节方法

① 找出进料量波动的原因，对症下药维持进料的平衡；

② 保证新氢及循环机运转正常，新氢的入口压力下降时，应及时联系，保证新氢的正常供应；

③ 应经常检查 D302 的脱油、脱水情况，稳定瓦斯压力。燃料气系统压力下降，要加强联系，保证系统压力稳定；

④ 经常检查 D101 脱水情况并加强脱水，掌握原料罐脱水情况，保证进料不带水；

⑤ 装置停工检修时清扫阻火器。

2. 床层温度的调节

(1) 影响因素

① 反应器入口温度的变化；

② 循环氢或新氢量的变化；

③ 原料变化：原料含硫量变高，床层温度上升；原料含氮量变大，床层温度上升；进料量增大，床层温度上升；原料含水量增大，床层温度下降；焦柴、催柴掺和比例不均匀；

④ 冷氢量的变化；

⑤ 系统压力的波动；

⑥ 催化剂活性变化。

(2) 调节方法

① 控制 F101 出口温度，并找出其影响因素；

② 调节稳定循环氢量；

③ 联系调度及罐区，控制好原料性质及混合比例；

④ 平稳冷氢量；

⑤ 平稳系统压力；

⑥ 催化剂活性降低，可适当提高反应温度。

3. 反常压力的调节

(1) 影响因素

① 反应温度升高，导致加氢反应深度变化，耗氢增加，循环量变化，压力下降；

② 新氢入系统量变化，压力波动；

③ 反应进料带水；

④ 压控失灵，系统压力变化；

⑤ 系统泄漏量增大，压力下降。

(2) 调节方法

① 稳定床层温度，平稳循环氢量；

② 新氢压缩机有故障，应及时启用备用机，如果影响是因为入口压力低，则应联系调度、制氢装置确保入口压力在要求范围内；

③ 加强原料脱水（D101、罐区）；

④ 及时找仪表工校正仪表，必要时改副线操作，如果压力上升较快可紧急放空；

⑤ 及时查找泄漏原因，并向调度、班长及值班干部汇报，寻求解决方法。

4. 反应空速调节

(1) 影响原因

① 反应进料泵（P102）发生故障；

② 反应进料泵（P102）抽空。

(2) 调节方法

① 启用备用泵，按工艺指标给定进料；

② 分析泵抽空原因，有针对性的给予解决：

  a. 原料油罐液位低   换罐

  b. D101 液面低   检查 D101 液面控制阀

  c. 过滤器控制故障   联系仪表处理过滤器自动控制系统

  d. 高分压力波动   稳定住高分压力

5. 循环氢流量的调节

(1) 影响因素

① 压缩机排量的变化（转速的变化）；

② 新氢机排量的变化；
③ 循环机旁路流量的变化；
④ 反应系统压力的变化。
(2) 调节方法
① 调稳循环机的出口流量、稳定转速；
② 调节新氢返回氢流量，稳定新氢入系统量；
③ 调节循环氢旁路量，保证其入加氢流量的平稳；
④ 调节废氢排放量，稳定系统压力。

6. 高分（D102）液面的调节
(1) 影响因素
① 反应温度的变化；
② 高分压力的变化；
③ 含硫污水界面的变化；
④ 仪表失灵。
(2) 调节方法
① 调整高分至低分的减压流量，保持液面的稳定；
② 仪表失灵，立即改手动，控制在正常液位，并通知仪表处理。

7. 低分液面的调节
(1) 影响因素
① 高分液面的变化；
② 低分压力的变化；
③ 水界面的变化；
④ 分馏系统进料量的变化；
⑤ 仪表失灵或调节阀发生故障。
(2) 调节方法
① 调整分馏进料量；
② 控制稳低分压力或界面；
③ 仪表失灵立即改手动，并控制液面在正常范围，通知仪表处理。

二、非正常操作

1. 反应床层温度急升的处理
(1) 原因分析
① F101 出口温度超高；
② 原料量及性质突变，新氢中含 CO、CO_2 超高；
③ 系统压降大，循环氢减少；
④ 冷氢调节失灵。
(2) 处理方法
① 反应器床层内出现异常温升，采用冷氢调节无效时，用降低 F101 出口温度的办法来降低反应器床层温度；
② 采用调节炉出口温度对床层温升无效时，采用降低反应系统压力的办法来处理（降压速度＜1.0MPa/h，D102 压力应≥5.0MPa）；

③ 床层温度超过正常温度 20℃时，则降处理量；床层温度超过正常温度 30℃时，则切断进料；

④ 床层温升采用切断进料处理无效时，使用 0.8MPa/h 放空处理，同时停新氢。若仍无效则通知循氢岗位停循环氢机，加热炉熄火，系统采用 2.5MPa/h 紧急放空处理。床层温度下降回落，则停止系统放空，开新氢、循氢机，系统循环降温。

2. 原料带水

（1）现象

① 反应温度急剧下降；

② 系统压力突然上升，差压上升；

③ 生成油带催化剂粉末，高分界面上升。

（2）处理方法

① 立即切换原料油（改抽分子筛罐油或通知罐区改罐）；

② 加强 D101 脱水；

③ 检查系统泄漏情况，如泄漏严重，则切断进料，循环降温，进行热紧。

第二节 分馏岗位

【岗位任务】

1. 分馏岗的任务是对加氢生成油进行后续处理，使产品满足性能要求，保证馏出口产品质量合格。

2. 严格按工艺指标控制好操作参数，达到调整、操作、分离出相应的合格产品的目的。

3. 做好巡回检查，发现问题要及时处理，处理不了时要及时向班长汇报。

4. 负责本岗位分馏系统工艺设备、管线、本岗位负责的仪表控制阀的操作及检查。

【典型案例】

图 7-10 所示为分馏塔仿真 DCS 图，低分油经液位控制阀（LV3113）后，经柴油产品与低分油换热器（E201）及反应产物与低分油换热器（E102）换热后，进入 H_2S 汽提塔（C201），脱除油中的 H_2S。塔顶油气经 H_2S 汽提塔顶空冷器（A201A/B）、H_2S 汽提塔顶冷却器（E202）冷凝冷却到 40℃，进入塔顶回流罐（D201）。其中液体由塔顶回流泵（P201）加压后一部分经流量控制阀（FV3202）作为塔顶回流，其余部分返回塔进料口，当塔底产品不合格时可作为轻烃经液位控制阀（LV3202）送出装置。含硫气体经压控阀（PV3201）出装置。含硫污水经界控阀（LV3202）后与高压分离器及低压分离器底部出来的含硫含氨污水一起送出装置。

塔底汽提油经流量控制阀（FV3200）后进入分馏进料加热炉（F201），加热到约 250℃后，进入分馏塔（C202），进行石脑油和柴油的分离。塔顶油气经分馏塔顶空冷器（A202A/B/C/D）、分馏塔顶冷却器（E203）冷凝冷却到 40℃左右，进入塔顶回流罐（D202），回流罐压力由罐顶压控阀（PV3205A/B）或引入燃料气或放入放空总管分程控制。凝缩油由回流泵（P203A/B）加压后部分经流量控制阀（FV3209）作为塔顶回流，另一部分经液控阀（LV3205）作为粗石脑油送出装置。酸性污水经界控阀（LV3206）送到软化水灌（D107）

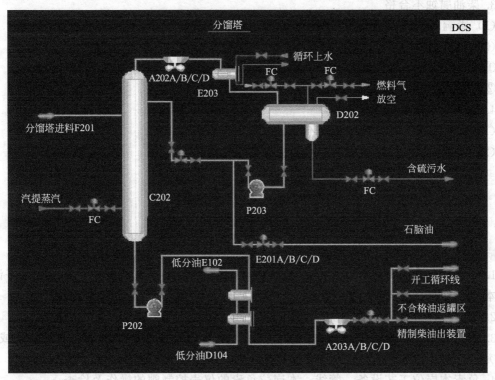

图 7-10 分馏塔仿真 DCS 图

作为反应注水。

从分馏塔底出来的精制柴油产品，由泵（P202）抽出加压经柴油产品与低分油换热器（E201A/B/C/D）换热，再经柴油产品空冷器（A203）冷却到 50℃，最后经液位控制阀（LV3204）送出装置。

【操作规范】

一、汽提塔设备正常操作

① 塔顶温度用冷回流量来控制。
② 塔底吹汽目的在于降低油汽分压，吹汽量是控制柴油闪点的重要手段。
③ 影响塔底温度的主要因素有原料油中汽油组分含量、进料温度、吹汽量及塔顶温度等，通常用吹汽量及进料温度调节塔底温度。
④ C201 及 D201 液面应保持相对稳定，保证其停留时间及二次闪蒸效果。

二、产品质量调节

1. 汽油干点不合格
（1）影响因素　塔顶温度、塔顶压力、原料油性质、吹汽量、塔底液面及塔的进料温度。
（2）调节方法　汽油干点调节通常用吹汽量、塔顶温度及进料温度来调节。注意调节汽油干点时应注意保持柴油闪点合格。

2. 柴油闪点不合格
（1）影响因素　塔底温度、吹汽量、进料温度、塔顶温度及进料性质。
（2）调节方法　通常用吹汽量及进料温度来控制。

3. 柴油腐蚀不合格

(1) 影响因素　进料带水，塔顶回流带水。

(2) 调节方法　根据上述原因作如下处理。

① 加强 D201 液面控制；

② 加强 D201 界面控制。

4. 柴油反应呈碱性

(1) 影响因素　加氢精制深度不够。

(2) 处理方法　通知加氢岗位适当提高加氢精制深度。

第三节　压缩机岗位

【岗位任务】

1. 认真执行岗位责任制，严格遵守操作规程和机组的各工艺、操作指标，并做好记录，搞好本机组的设备规格化。

2. 维护本岗位所属设备、仪表，保证安全生产。

3. 在机组运行中要经常注意和定期听测机体各部，如发现有磨刮声，振动加剧或轴承温度突然升高时应立即采取措施排除或停机检查，找出故障原因并排除。

4. 负责本岗位工艺设备、管线、本岗位负责的仪表控制阀的操作及检查。

【典型案例】

图 7-11 是氢气压缩机仿真 DCS 图。新氢进入新氢压缩机升压后，先与来自循环氢压缩机的循环氢混合，再和升压后的原料油混合，换热后进入反应加热炉升温，再进加氢精制反应器。

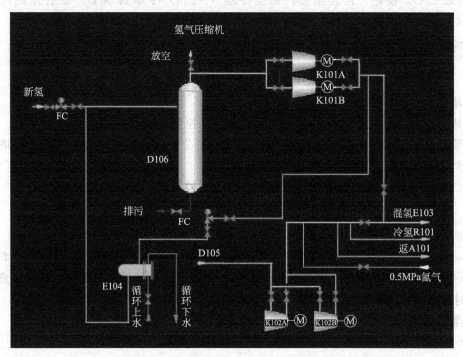

图 7-11　氢气压缩机仿真 DCS 图

反应产物换热后,在高压分离器中经过气、油、水三相分离后,为保证循环氢的纯度,避免硫化氢在系统中累积,由高压分离器分出的循环氢经醇胺脱硫除去,再由循环氢压缩机升压后,返回反应系统。

【工艺原理及设备】

一、循环氢压缩机组作用

循环氢压缩机组是加氢裂化装置的核心设备。循环氢压缩机的作用是将冷却后的循环气压缩,再送回反应器系统内,以维持反应器内氢分压。循环氢压缩机是加氢装置的"心脏"。如果循环氢压缩机停运,加氢装置只能紧急泄压停工。

二、设备结构特点

循环氢压缩机在系统中是循环作功,其出入口压差一般不大,流量相对较大,一般使用离心式压缩机,只有处理量小的加氢装置,才使用往复式压缩机作循环氢压缩机。由于循环氢的分子量较小,单级叶轮的能量头较小,所以循环氢压缩机一般转速较高(8000~10000r/min),级数较多(6~8级)。

循环氢压缩机除轴承和轴端密封外,几乎无相对摩擦部件,而且压缩机的密封多采用干气式密封和浮环密封,再加上完善的仪表监测、诊断系统,所以,循环氢压缩机一般能长周期运行,无需使用备机。

循环氢压缩机多采用汽轮机驱动,这是因为蒸汽汽轮机的转速较高,而且其转速具有可调节性。循环氢压缩机组主要由压缩机本体、汽轮机、润滑油站及汽封抽汽冷却器等组成。润滑油泵主泵为背压式汽轮机驱动,辅泵为电机驱动。压缩机组为双层布置,户外安装,有顶棚。布置如图7-12所示。

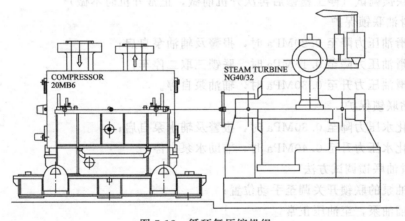

图7-12 循环氢压缩机组

【操作规范】

一、压缩机正常开机步骤(氢气工况)

1. 联系工作

① 通知调度,必须确保氮气、氢气连续供给。
② 通知电工、仪表、钳工到场。
③ 通知车间值班人员到场。

④ 开车前水、风、电、气供给符合开车要求。

2. 开车前检查

① 油位检查，即机身油池、注油箱、电动机轴承箱油位符合要求、油标清晰。

② 液位检查，即级间各分液罐、水箱液位清晰符合要求。

③ 压缩机组填料函充低压氮保护，所有腔体排污阀打开。

④ 控制盘送电，画面调用正常，试灯和音响正常。

⑤ 各仪表齐全好用。

3. 所有电加热器（机身油箱、注油器、水箱、电机）投用到自动状态。

4. 建立冷却水循环

① 投用循环水系统的所有阀门、冷却器，通过玻璃看窗，检查各冷却点水的流通符合要求。

② 投用软化水系统的冷却器、过滤器，改好流程。

③ 主泵盘车2~3圈，启动水泵，置辅助冷却水泵为自动状态（控制盘及现场的所有开关处于"合"位置），投用压缩机缸套，填料函冷却水闭路循环系统，通过玻璃看窗，检查缸套和填料函冷却水的流通符合要求。

④ 调整好水泵出口压力在0.6MPa，水箱水温在46℃左右。

5. 建立润滑油的循环

① 检查、确认润滑油辅助油泵及轴头泵流程无误，将辅助油泵联锁开关置于手动位置，准备启动辅助油泵。

② 辅助油泵盘车2~3圈，启动辅助油泵，确认系统无泄漏，油运正常，总管供油压力在0.4MPa以上。

6. 机组联锁调试（停工检修后再次开机前做，正常开机时不做）

（1）润滑油联锁保护

① 当润滑油压力降至0.20MPa时，报警及辅油泵自启；

② 当润滑油压力降至0.15MPa时，联锁三取二停车；

③ 当润滑油压力升至0.30MPa时，辅油泵自停。

（2）水站联锁保护

① 当软化水压力降至0.30MPa时，报警及辅水泵自启；

② 当软化水压力升至0.40MPa时，辅助水泵自停。

（3）润滑油联锁调试方法

① 将辅油泵的联锁开关调至手动位置；

② 启动辅油泵，至油压正常；

③ 将联锁开关调至自动位置；

④ 油压高于0.30MPa，辅油泵自停；

⑤ 油压低于0.20MPa时，报警，辅油泵自启；

⑥ 将联锁开关调至手动位置；

⑦ 按钮停润滑油辅泵，油压低于0.15MPa时，联锁停车并报警。

（4）水站联锁调试方法

① 将两台水泵的联锁开关调至手动位置；

② 启动两台水泵，至水压正常；

③ 将辅助水泵联锁开关调至自动位置；
④ 水压高于 0.40MPa，辅助水泵自停；
⑤ 调节泵后回水箱阀门，当水压低于 0.30MPa 时，报警，辅助水泵自启；
⑥ 将辅助水泵联锁开关调至手动位置；
⑦ 重复②～⑤的步骤，使两台泵都得到调试。

7. 投用注油器

投用注油器，从止回阀窥视口检查各注油点供油应正常。

8. 盘车 2～3 圈

手动或电动盘车 2～3 圈，并使盘车机构处于"脱扣"位置。同时，控制画面盘车器显示为"脱扣"。

电动盘车的方法如下：
① 打开球阀，给风动系统加压；
② 手动释放弹簧负载的机械锁定设施；
③ 按动控制台上的按钮起钮启动电机，此时应检查转动方向是否正确（与主机转向一致）；
④ 当盘车装置往飞轮方向移动时启动限位开关，推动风动控制阀直到机械锁定装置卡入全连接位置，该开关必须内锁以防止主电机启动；
⑤ 压缩机不能盘车太过，盘到 2～3 周；
⑥ 释放气动控制阀；
⑦ 这时盘车设施向后滑，当到达外面时可释放机械锁定设施，关闭球阀。

9. 打开吸气阀片

打开负荷调节器的控制风线，将手柄板至空负荷位置，使全部吸气阀片压开。

10. 氮气置换
① 缓慢打开新氢机、循环机入口的氮气阀，向机内充压至 0.8MPa。
② 各缓冲罐、分离器排放油水。
③ 开机出口放空阀，卸压至 0.2MPa，反复进行 2～3 次，同时，检查无泄漏。
④ 停止进氮气。

11. 氢气置换
① 缓慢打开入口的氢气阀，向机内充压。压力为系统压力。
② 各缓冲罐、分离器排放油水。
③ 开机出口放空阀卸压。

12. 压缩机开车前流程确认
① 关闭三级出口阀、一级入口阀、放空阀，保证机体无压。
② 全开三回一，二回一，一回一，防止压缩机启动后高压串低压。
③ 其他各阀均处于关闭位置。
④ 室内、室外负荷开关必须为 0，负荷开关切换到现场控制，保证机组无负荷启动。

13. 开车联锁条件确认

主操室压缩机 TS3000 上开机条件五个项目中指示灯全部为绿色，允许启动指示灯为绿色。

14. 启动
① 压缩机操作盘允许启动指示灯"亮"，手按主电机启动旋钮 1～2s，经过 18s 延时后，

压缩机启动。检查及确认压缩机各部位正常运转。

② 打开一级入口阀门，压力在 0.8~1.0MPa。

③ 将负荷开关加负荷至 50%，检查及确认压缩机各部位运转正常。

④ 手动停辅助润滑泵，观察主油泵的运转情况，保持润滑油总管压力为 0.35MPa 以上。此时，辅助油泵做备用，并将辅泵启动旋钮扳至自动位置。

⑤ 将负荷开关加负荷至 100%，检查及确认压缩机各部位运转正常。

⑥ 根据工艺气量要求，缓慢关闭一回一、二回一旁路阀，用三回一回流控制阀控制升压速度至加氢需用压力后，打开三级出口阀。

二、压缩机正常停车步骤

① 停车或增减用气量前应及时通知供气单位及操作岗位，说明停车时间、原因、增减气情况，以便相关单位调整操作。

② 将负荷控制器手柄扳至 50%负荷位置，减少机组负荷。

③ 关闭三级出口阀，同时开三级出口放空阀。

④ 将负荷控制器手柄扳至空负荷位置，使压缩机进入空负荷状态。

⑤ 现场按手动停车按钮，同时启动电机空间加热器。

⑥ 关闭入口阀，当三级出口压力低于入口压力时，逐渐打开一回一、二回一、三回一回流阀，压缩机放空、泄压。

⑦ 主电机停运后辅助油泵应自动运行，否则人为启动辅助油泵运行 30min。

⑧ 各级间冷却器循环水阀关闭，30min 后停辅油泵、注油器、水站水泵，冬季要注意防冻防凝。

⑨ 停车完毕。

事故案例

2007 年 5 月 11 日，乌鲁木齐石化公司炼油厂加氢精制联合车间柴油加氢精制装置在停工过程中，发生一起硫化氢中毒事故，造成 5 人中毒，其中 2 人在中毒后从高处坠落。

一、事故经过

5 月 11 日，乌鲁木齐石化公司炼油厂加氢精制联合车间对柴油加氢装置进行停工检修。14：50，停反应系统新氢压缩机，切断新氢进装置新氢罐边界阀，准备在阀后加装盲板（该阀位于管廊上，距地面 4.3m）。15：30，对新氢罐进行泄压。18：30，新氢罐压力上升，再次对新氢罐进行泄压。18：50，检修施工作业班长带领四名施工人员来到现场，检修施工作业班长和车间一名岗位人员在地面监护。19：15，作业人员在松开全部八颗螺栓后拆下上部两颗螺栓，突然有气流喷出，在下风侧的一名作业人员随即昏倒在管廊上，其他作业人员立即进行施救。一名作业人员在摘除安全带施救过程中，昏倒后从管廊缝隙中坠落。两名监护人员立刻前往车间呼救，车间一名工艺技术员和两名操作工立刻赶到现场施救，工艺技术员在施救过程中中毒从脚手架坠地，两名操作工也先后中毒。其他赶来的施救人员佩戴空气呼吸器爬上管廊将中毒人员抢救到地面，送往乌鲁木齐石化职工医院抢救。

二、事故原因分析

事故发生的主要原因是：当拆开新氢罐边界阀法兰和大气相通后，与低压瓦斯放空分液罐相连的新氢罐底部排液阀门没有关严或阀门内漏，造成高含硫化氢的低压瓦斯进入新氢罐，从断开的法兰处排出，造成作业人员和施救人员中毒。

事故反映出该厂一些基层单位安全意识不强，在出现新氢罐压力升高的异常情况后，没有按生产受控程序进行检查确认，就盲目安排作业；施工人员在施工作业危害辨识不够的情况下，盲目作业；施救人员在没有采取任何防范措施的情况下，盲目应急救援，造成次生人员伤害和事故后果扩大。

同时，也暴露出安全管理上存在薄弱环节，生产受控管理还有漏洞，对防范硫化氢中毒事故重视不够，措施不力。

技能提升　柴油加氢装置仿真操作

一、训练目标

1. 熟悉柴油加氢装置的工艺流程及相关流量、压力、温度等控制方法。

2. 掌握柴油加氢装置开车前的准备工作、冷态开车及正常停车的步骤和常见事故的处理方法。

二、训练准备

1. 仔细阅读《柴油加氢仿真实训系统操作说明书》，熟悉工艺流程及操作规范。

2. 熟悉仿真软件中各个流程画面符号的含义及操作方法；熟悉软件中控制组画面、手操组画面的内容及调节方法。

三、训练项目

1. 冷态开工操作

①开工前准备；②系统引氢升压；③引瓦斯气入装置；④加热炉点火升温；⑤预硫化过程；⑥分馏系统冷油运；⑦进料加热炉点火升温；⑧分馏系统热油运；⑨反应系统切换原料油；⑩反应分馏串联。

2. 正常停工操作

①反应岗位停工；②分馏岗位停工。

3. 紧急停车操作

①压缩机事故停机；②停 1.0MPa 蒸汽；③原料油中断；④新氢中断；⑤高分串压至低分；⑥F101 炉管破裂；⑦燃料气中断；⑧过滤器压差超高。

思考训练

1. 画出加氢精制装置原则流程图。
2. 加氢精制涉及的主要反应有哪些，哪些反应对提高汽油辛烷值是有利的？
3. 加氢精制装置的主要操作变量有哪些？
4. 催化加氢常用的催化剂有哪些？
5. 馏分油加氢精制的反应温度在什么范围内？
6. 温度对加氢精制过程的影响有哪些？
7. 加氢精制催化剂失活的原因有哪些？

第八章　油品调和岗位群

> **工艺简介**

　　石油炼制工业呈现出规模大型化、技术现代化和品种多样化的特点，其生产能力、产品质量和品种持续稳定地增长。出于技术经济的综合考虑，加上炼油装置工艺的局限性，各炼油装置生产的许多一次产品油性能一般都不能直接满足各种油品质量的要求，如汽油、柴油、润滑油类产品质量的要求。一次产品油常常称为半成品油或基础油等。

　　为了降低成本、节约能源、提高效率、优化工艺，常常需要在一次产品油中加入添加剂，或通过双组分、多组分半产品油按不同比例的调和，充分利用不同组分油的物化性质，发挥各自的优良性能，相互取长补短，以达到用户要求的产品质量。随着汽油及柴油升级新标准的实施、润滑油质量的进一步提高，更加推动了油品调和工艺技术的发展，并大大改善和提高了产品质量及性能。

　　汽油、柴油的质量升级和润滑油的高质量要求，使炼油厂为满足新的质量要求而付出高昂的代价。为此，应该通过油品调和手段，在满足汽油、柴油和润滑油指标的条件下，最大限度地将生产过程中产生的各种组分汽油、柴油及其他基础油，按一定的配方进行调和而生产出成本最低、质量合格的高品质汽油、柴油。

　　油品调和是炼油企业石油产品在出厂前的最后一道工序。油品调和工作要求严，技术性强，涉及知识面广。油品调和工作不仅要求具备油品物性知识、计算机应用知识、仪表自控知识等，还需要有质量意识、成本意识、效益意识、安全环保意识，更要有丰富的实践经验。油品调和工作就是要用最少优质的原料、以较短的时间，调出完全合乎质量要求的产品，而且尽可能实现调和一次成功，从而为企业创造出最大的经济效益。

　　所谓油品调和，就是将性质相近的两种或两种以上的石油组分按规定的比例，通过一定的方法，利用一定的设备，达到混合均匀而生产出一种新产品（规格）的生产过程。有时在此过程中还需要加入某种添加剂以改善油品的特定性能。

一、油品调和的作用和目的

（1）石油经过蒸馏、精馏和其他二次加工装置生产出的一次产品油，除少数产品可直接作为商品出厂外，对绝大多数一次产品油来说，尚需进行调和，以产出各种牌号的合格产品，即达到使用要求的性质并保证质量合格和稳定。

（2）改善油品性能，提高产品质量等级，增加企业和社会效益。

（3）充分利用原料，合理使用组分增加产品品种和数量，满足市场需求。

二、油品调和的步骤

① 根据成品油品的质量要求，选择合适的调和组分。

② 在试验时调和小样经检验样品合格。

③ 准备各种调和组分。

④ 按调和比例将各组分调和均匀。
⑤ 检验调和均匀程度及质量指标。

三、调和方法分类

1. 按照调和产品性质分

（1）重质原料油调和　如催化裂化、重油裂解装置原料油调和，主要组分是减压蜡油、减压渣油和常压渣油，主要调和指标残炭值；

（2）轻质油产品调和　各种牌号的汽油、柴油；

（3）润滑油产品调和　各种牌号的润滑油、机油等。

2. 按照油品调和工艺分

（1）油罐调和　油罐调和多采用泵循环、机械搅拌、风搅拌形式；

（2）管道调和　是将需要混合的各组分和添加剂，按要求的比例同时连续送入总管和静态混合器，最终进入成品储罐等待出厂，该方式过程简单、全过程可实现自动化操作，它适合调和量大、比例变化范围大的轻、重质油品的调和。

【岗位任务】

1. 使油品达到要求指标，符合规格标准，并保持产品质量的稳定性。
2. 提高产品质量等级，改善油品使用性能，获得较大的经济效益与社会效益。
3. 组分合理使用，可有效地提高产品收率，增加产量。

【典型案例】

一、油罐内调和

油罐内调和分为三种。

1. 压缩空气调和

如图 8-1 所示，根据各组分油的比例，按照先重后轻的原则将组分油由管道口注入油罐内，然后通入压缩风进行搅拌调匀。

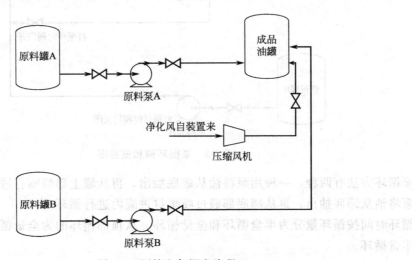

图 8-1　压缩空气调和流程

该方法一般用于闪点较高的油品调和（适合调和柴油或船舶油等），缺点是油品容易氧化。

2. 机械搅拌调和

如图 8-2 所示，根据各组分油的比例，按照先重后轻的原则将组分油由管道注入油罐内，然后启动搅拌机进行搅拌调匀。

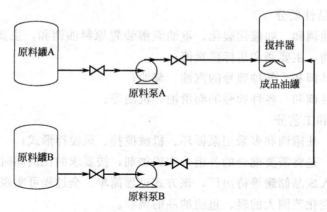

图 8-2 搅拌调和流程

但对于成品油，使用这种方法调和，容易造成罐底杂质、水分的搅动，造成油品乳化，影响油品质量。

3. 泵循环调和

如图 8-3 所示，首先各组分按确定比例同时或分别注入罐内，然后用泵从罐内抽出再通过调和喷嘴进入罐内，利用调和喷嘴的作用将罐内各组分搅拌均匀。

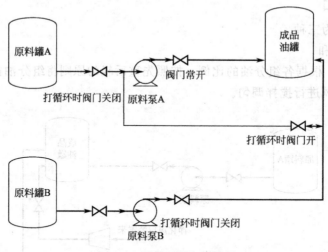

图 8-3 泵循环调和流程图

泵循环方法有两种：一种用泵将油从罐底抽出，再从罐上部喷嘴打进罐内进行循环；一种用泵将油从罐底抽出，再从罐底部通过喷嘴打进罐内进行循环。

循环时间按循环量分为半量循环和全量循环。从顶部循环的为全量循环，从底喷嘴循环的为半量循环。

如果是汽油调和的话，最好不要用旋转喷嘴，会产生静电。

罐式调和具有调和操作简单，自动化水平低，不受各组分油质量波动影响的优点，但缺点是：需要数量较多的组分罐、调和时间长、易氧化、调和过程复杂、油品损耗大、能源消耗多、调和作业必须分批进行、调和比不精确。

二、管道调和

管道调和就是将两种或两种以上组分油或添加剂，按规定比例同时送入总管道和管道混合器，达到混合均匀的调和方法。管道调和又分为简单管道调和和自动管道调和。

用常规控制仪表、人工操作掌握调和比例的，直接经一条管线混合均匀进入成品罐的属半自动调和或简单管道调和。在调和过程中，各组分的比例和质量标准完全由自动化仪表和计算机检测、控制和自动操作的称管道自动调和。

管道调和是添加剂的加入方式常有两种，一是利用油泵运转时在泵入口产生的真空，将添加剂由泵入口处吸入泵内与油品混合进入罐内；二是专门设置添加剂泵将添加剂与油品混合。

管道调和时，首先需要根据预调和成品油指标、成本等，选取合适的组分油，计算出调和组分相应比例；然后调和前，按调和比例（调和罐的容积及预调吨数），计算好各组分的进油量，进油前油罐做好检尺，记好在线流量计累计数，以保证按调和比例控制好进油量；后根据各组分油的使用量选取流量合适的机泵，以节约能源，降低能耗；核对流程，检查机泵，作好倒油前的各项准备工作；检查流程无误后，启泵倒油，通过调节连接泵出口与入口的调节阀，或者是通过调节电机变频器调节泵的转速，调节各组分油的进油量达到计算额定值；调和运行正常后，再次核对流程、流量，检查管线有无跑、冒、串、漏。倒油过程中密切注意收油罐液位；调和完毕，关闭有关阀门，记录倒油量，并进行核对作好记录，发现收付差量大时应及时分析查找原因；沉降脱水，取样化验合格后装车出厂，如调和项目质量不合格，应根据情况补量直至调和合格。

管道调和与油罐调和相比有以下优点：

调和连续进行，可取消调和罐，减少组分油储罐；调和比精确，组分合理利用，避免浪费优质原料，质量"过头"；调和时间短，动力消耗少，调和一次合格率高，质量达标有可靠保证；减少油品周转次数，节省人力，减少中间分析，调油速度提高；全部调和密闭操作，防止了油品氧化，降低了油品损耗。

【工艺原理】

一、燃料油调和组分油

1. 直馏汽油、常一线、常二线、常三线、渣油等组分

直馏汽油、常一线、常二线、常三线、渣油组分油是由原油蒸馏装置生产。原油蒸馏是原油加工的第一道工序，它包括常压蒸馏和减压蒸馏两部分，通常称为常减压蒸馏。原油通过蒸馏后可以分离出汽油、煤油、柴油、润滑、裂化原料和渣油等馏分。其中一部分为半成品，需经进一步加工精制及调和后得成品油；另一部分则为下游加工装置提供原料。

2. 催化裂化汽油、柴油组分

催化汽油、柴油由催化裂化装置生产。催化裂化工艺是将重质原料转化为优良的轻质油品的加工方法之一，它是目前炼油工业中最重要的轻质化的工艺过程。特别是近几年来渣油催化裂化技术的开发，不但扩大了原料的来源，而且在简化流程、提高轻质油收率、增加经济效益等方面都显示了极大的优越性，因此催化裂化加工能力不断增长。

催化裂化的产品主要有石油气、汽油与轻柴油。催化裂化的汽油产率高，约为35%~45%，不绝和烃含量少，异构烷烃与芳香烃含量高，故化学安定性好，辛烷值高，抗爆性

好，可用作航空汽油与高辛烷值汽油的基本组分。催化裂化的柴油产率为 20%～35%，但因含正构烷烃少，安定性能较差。催化裂化是目前二次加工工艺中采用最为普遍的一种。

3. 加氢裂化汽油、柴油组分

加氢裂化是重质油料在催化剂和高压氢气存在下，在一定的操作条件下，进行裂化、加氢、异构化等反应，生成液态烃、汽油、喷气燃料和柴油等优良轻质油品的工艺过程。

4. 焦化汽油、柴油组分

焦化汽油、柴油组分由延迟焦化装置生产，焦化是焦炭化的简称，它属于深度热加工工艺。焦化以残渣油为原料，在高温条件下，经深度裂化和缩合，转化为气体、轻质油、中间馏分及焦炭的加工过程。延迟焦化是因焦化反应延退进行而得名。原料油受热后的生焦现象不在加热炉管内而延迟到焦炭塔内出现的过程叫做延迟焦化。延迟焦化法是生产轻质燃料和焦炭的方法之一。

5. 催化重整汽油组分

催化重整是以汽油馏分为原料，在催化剂和氢气存在的条件下，生产芳烃（苯、甲苯、二甲苯）和高辛烷值汽油的工艺过程，同时副产廉价氢气，可用于加氢精制装置。

6. 烷基化汽油组分

烷基化是以炼厂气中异丁烷和丁烯为原料，在酸催化剂作用下，反应生成烷基化油。烷基化装置产品是烷基化油。它是异构烷烃的混合物，是理想的高辛烷值汽油调和组分。

7. 加氢精制柴油组分

加氢精制是石油产品或馏分油在氢压下进行催化改质，脱除油品中的硫、氮、氧及金属等有害杂质，并能使烯烃饱和，稠环芳烃部分加氢，从而改善油品（或馏分油）的质量。

8. 甲基叔丁基醚组分

MTBE 是一种高辛烷值含氧化合物，是以异丁烯和甲醇为原料，在催化剂作用下合成而得。甲基叔丁基醚具有良好的抗爆性能，其马达法辛烷值为 101，研究法辛烷值为 117，是高辛烷值汽油的优良调和组分。MTBE 的物理性质与汽油相近，能与烃类完全互溶，而且调和效应和使用性能优良，目前已广泛用于汽油中。

二、调和油性能指标

1. 汽油质量指标

汽油是由 4～12 个碳原子构成的烷烃、芳烃和烯烃等组成的混合物。

（1）辛烷值　辛烷值是汽油最重要的使用性能指标，是代表汽油质量水平和规定标号的，用以表示汽油的抗爆性，即汽油在发动机内燃烧时抵抗爆震的能力，汽油辛烷值高，表示其抗爆性好。汽油的牌号是以辛烷值来分的，如 90 号汽油的辛烷值不低于 90 个单位。提高汽油辛烷值的方法主要有两种：一是增加或加入高辛烷值组分；一是在汽油中加入抗爆剂。

（2）蒸气压　在某一定温度下，液体与其液面上的蒸气呈平衡状态时，此蒸气所产生的压力称为饱和蒸气压。蒸气压大小表示汽油汽化的程度，是控制汽油在夏季（热天）不发生气阻，保证有适当的蒸发性能，以利于加速性和冬季（冷天）启动性的指标。

（3）诱导期　汽油和氧气在一定条件（100℃，氧气压力 7kgf/cm^2）下接触，从开始到汽油吸收氧气、压力下降为止，这段时间称为诱导期，以分钟表示。汽油的诱导期越短，安定性越差，结胶越快，可储存的时间也越短。

2. 柴油质量指标

（1）凝点　凝点是柴油在低温下失去流动性的最高温度。我国柴油的牌号就是按柴油的凝点划分的。凝点是柴油储存，运输和油库收发作业的低温界限温度，同时与柴油低温使用性能有一定的关系。凝点越低的柴油，低温下输送，转运作业越顺利，在柴油机燃料系统中供油性能越好。由于柴油的低温性能与使用较为密切，所以，国产柴油的牌号都用凝点来表示。如 10 号、5 号、0 号、－10 号轻柴油的凝点分别不高于 10℃、5℃、0℃和－10℃。

（2）十六烷值　十六烷值是指和柴油的抗爆性相当的标准燃料（由十六烷和甲基萘组成）中所含正十六烷的百分数。十六烷值用以表示柴油的抗爆性，是柴油燃烧性能的指标。十六烷值高的柴油，在柴油机中燃烧时不易产生爆震。

（3）闪点　闪点是柴油加热时产生的蒸气和空气的混合气成为可燃混合气（浓度 0.7%～1.0%）时，由小火焰或电火花点火时的温度。是保证液体油品储运和使用的安全指标，也就是在低于这一温度时，可能蒸发的轻质组分浓度，不能达到爆炸限度的指标，闪点也是说明蒸发倾向性的指标。

（4）馏程　馏程是保证柴油在发动机燃烧室里迅速蒸发汽化和燃烧的重要指标。

【操作规范】

1. 油品管道自动调和的系统操作

① 明确产品的主要控制质量及各组分油的质量情况。

② 明确共油机组分油参与调和；哪几种组分油直接参与调和，哪几种组分油用组分泵由组分罐抽出参与调和。

③ 启动计算机，进入油品调和控制系统。

④ 进入配方管理，输入调和产品的牌号和调和总量，点击"计算优化配比"系统弹出表态计算成功后，点击"确认"；再点击"优化配方下载"。

⑤ 点击"调和启停"按钮进入调和启停画面，再点击系统"启动"按钮。

⑥ 过程监控。调和启动过程完成后，可切换到各个画面对调和过程进行监控。

⑦ 调和结束。一是调和量达到批设定量时，自动结束调和；二是调和量未达到批次设定量时，点击"停止调和"按钮停止调和。

2. 油品管道自动调和比值控制的系统操作

① 先将配方（比值控制器）切换到人工方式，按计算配方受控输入各控制调和组分的比值。

② 待成品油在线分析出来的值稳定后，再将配方（比值控制器）切换到自动方式。

3. 利用自动调和系统进行油品调和现场操作

① 检查现场阀门、仪表是否正常（电磁阀、气动阀、动力风、仪表风等）。

② 检查配方输入是否正确，各种参数设置是否正确。

③ 核对原料罐、目的罐及各条管线、机泵是否可用。

④ 针对系统流程，检查相关阀门的使用情况。

⑤ 确认流程无误后开车并确认各自动阀门开启是否正常。

⑥ 检查输送油品过程中检测各罐液位变化、流程是否正常，识读油泵房工艺流程。

⑦ 规范填写各种记录。

4. 对配方组分加入比例进行控制的现场操作

① 根据配方要求控制加入量。

② 利用计量设备控制配方组分的加入准确性。
③ 利用原料罐出料量与调和罐进料量的平衡检验计量设备的准确性。
④ 利用调和罐的检尺计量与计划产量、实际加入量的对比，检验配方组分加入量。
⑤ 作好记录。

5. 成品油管线存有不合格油的处理

① 成品油管线存有不合格油的处理原则：即作好记录，搅拌清楚，置换方法正确，正确控制置换量，按要求进行。

② 成品油管线存有不合格油的处理方法：即确定处理管线内不合格油品的目标罐，选择合适的介质。改通优化处理管线流程，判断管线存油的处理量，正确顶线。

6. 罐内油品超液位处理

① 按时检查，汇报，即：定期巡检，及时发现超液位，并向相关部门汇报。
② 应急操作。立即停止收油操作，关闭相应阀门。
③ 正常处置。正确确定倒油量，改通流程，正确开关阀门，倒油后使罐液位低于安全液位。
④ 在油品调和过程中，应先停止搅拌再压入或倒入其他罐中。
⑤ 倒油后待罐静止一段时间，进行检尺计量正确。
⑥ 查找分析超液位原因，作好完全记录。

7. 油罐加热器的试压操作

① 试压前检查加热器是否施工（检修）完毕。
② 将加热器蒸汽入口阀门后加入盲板，从加热器排凝阀拆开法兰往加热器注水。
③ 加热器注满水后接上试压泵加压，强度试验压力为工作压力的 1.5 倍（最小不小于 0.2MPa）试压时间保持达到规定时间稳定不变。
④ 严密性试验压力为工作压力（最小不小于 0.2MPa），检查时间不少于 1h。在规定时间内，压力降不大于严密性试验压力的 5%，判断为合格，各焊缝及加热器附件不为渗漏合格。

8. 离心泵的切换操作

① 做好备用泵启泵前的准备工作，检查油位在 1/2~2/3 处，检查润滑油是否变质，检查机泵地脚焊缝有无松动，检查机泵出口阀是否关闭，检查进口阀是否分开，机泵放空，盘车检查泵轴如能动应马上处理，检查泵压力表，确定温度计好用并打开压力表阀门，检查机泵冷却水是否打开，并保持畅通。

② 启动备用泵，运转规定时间并观察泵出口压力正常后，缓慢打开各备用泵的出口阀，待泵上量后，压力表电流表数值在规定范围内并稳定后逐渐关小远运行泵的出口阀，尽量减小流量压力的波动。

③ 运行几分钟后逐渐打开备用泵出口阀至正常开度，运转正常后，缓慢关闭运行泵的出口阀，停运行泵，并关闭压力表阀，如轴承温度较高打开冷却水阀，轴温下降后关闭冷却水。

④ 运行正常后检查泵出口压力是否超过规定指标，轴承点击温度不应高过规定温度。

思考训练

1. 何为油品调和？

2. 油品调和的方法分类是怎样的？
3. 油品调和流程的优缺点是什么？
4. 油品管道自动调和操作规范？
5. 罐内油品超液位应如何处理？
6. 汽油的质量指标有哪些？
7. 卸油系统是否产生气阻如何判断？

第九章 其他岗位群

第一节 检 验 岗 位

检验在石油加工行业被视为"眼睛"。对产品或原料的质量特性进行测量,把测量结果与规定的准则相比较,做出是否符合规定要求的判断。石油化工企业的检验岗位主要承担的工作一般有以下几种。

(1) 进货检验 即对外购原材料接收前的检验,以保证外购外协产品符合采购的要求。这种检验不是必须的,也可以采取其他活动验证,但必须保证产品符合规定的要求。

(2) 过程检验 一个工序加工完成后,要对完工后的产品进行检验,检验合格后才能转序,这种检验称为过程检验。这种检验也不是必须的,也可以采取其他活动验证,但必须保证产品符合规定的要求。

(3) 成品检验(最终检验) 该检验是产品入库或发出前的检验,为保证顾客的合格接收,除非特殊情况或顾客同意,都不能省略。有的产品,产品的最终检验,国家或行业有法规规定,必须按法规执行。

(4) 出厂检验 该检验属于产品交付前(即发运前)的最后一次检验。策划这次检验的目的是担心产品在包装、储存过程中产品质量可能发生变化。这次检验的项目一般只检验可能变化的项目。

也有的企业把这次检验作为出厂前的最后一次把关、检验终检项目,只是抽样少一些。

【岗位任务】

检验员的四大职责

1. 鉴别——按检验文件的要求对产品进行检验,做出合格与否的结论。
2. 把关——对不合格品进行把关,没有评审放行的手续,不能放行。
3. 记录——对检验的结果进行记录。
4. 报告——对检验结果进行报告,特别对不合格品,应按规定进行报告。

检验员应统计以下数据:

①进货检验数据;②过程检验数据;③成品检验数据;④产品试验数据;⑤产品抽查数据;⑥不合格品数据。

【工艺原理】

石油化工行业一个完整的产业链包括常减压蒸馏装置、催化裂化装置、延迟焦化装置、气分装置、MTBE装置、加氢精制装置等。主要的原料和产品有原油、蜡油、催化料、渣油、汽油、柴油、石脑油、丙烯、丙烷、低压气、MTBE、硫黄、石油焦等。在采购、生产和销售环节都要对这些进行化验。确保检测数据的准确性,避免给企业造成损失和浪费。现简介汽油、柴油质量指标。

一、汽油的质量指标

汽油按其用途分为车用汽油和航空汽油,各种汽油均按辛烷值划分牌号。我国车用汽油分为含铅汽油及无铅汽油两大类,按其研究法辛烷值(RON)含铅车用汽油分为90号、93号及97号三个牌号,无铅车用汽油分为90号、93号及95号三个牌号,它们分别适用于压缩比不同的各型汽油机。我国车用无铅汽油规格质量标准见表9-1。对汽油的使用要求主要有:在所有的工况下,具有足够的挥发性以形成可燃混合气;燃烧平稳,不产生爆震燃烧现象;储存安定性好,生成胶质的倾向小;对发动机没有腐蚀作用;排出的污染物少。

表9-1 车用无铅汽油规格质量指标

项目		90号	93号	95号
抗爆性	研究法辛烷值(RON)	≥90	≥93	≥95
	抗爆指数[(RON+MON①)/2]	≥85	≥88	≥90
馏程	10%蒸发温度/℃	≤70		
	50%蒸发温度/℃	≤120		
	90%蒸发温度/℃	≤190		
	终馏点(干点)/℃	≤205		
	残留量(体积分数)/%	≤2		
饱和蒸气压/kPa	从9月1日至2月29日	≤88		
	从3月1日至8月31日	≤74		
实际胶质/(mg/100mL)		≤5		
诱导期/min		≥480		
硫含量(质量分数)/%		≤0.15		
硫醇②	博士试验	通过		
	硫醇硫含量(质量分数)/%	≤0.001		
铜片腐蚀(50℃,3h)		不大于一级		
水溶性酸或碱		无		
机械杂质及水分		无		

① MON—马达法辛烷值。
② 硫醇指标需满足该栏目中两个指标之一。

1. 抗爆性

汽油的抗爆性是指汽油在发动机中燃烧时抵抗爆震的能力,它是汽油燃烧性能的主要指标。爆震是汽油在发动机中燃烧不正常引起的。它说明汽油能否保证在具有相当压缩比的发动机中正常地工作,这对提高发动机的功率,降低汽油的消耗量等都有直接的关系。

汽油机的热功效率与它的压缩比直接有关。所谓压缩比是指活塞移动到下死点时汽缸的容积与活塞移动到上死点时汽缸容积的比值。压缩比大,发动机的效率和经济性就好,但要求汽油有良好的抗爆性。抗爆性差的汽油在压缩比高的发动机中燃烧,则出现汽缸壁温度猛烈升高,发出金属敲击声,排出大量黑烟,发动机功率下降耗油增加,即发生所谓爆震燃烧。所以,汽油机的压缩比与燃料的抗爆性要匹配,压缩比高,燃料的抗爆性就要好。

汽油机产生爆震的原因主要有两个。一是与燃料性质有关。如果燃料很容易氧化,形成的过氧化物不易分解,自燃点低,就很容易产生爆震现象。二是与发动机工作条件有关。如果发动机的压缩比过大，汽缸壁温度过高，或操作不当，都易引起爆震现象。

汽油的抗爆性用辛烷值表示。汽油的辛烷值越高，其抗爆性越好。辛烷值分马达法和研究法两种。马达法辛烷值（MON）表示重负荷、高转速时汽油的抗爆性；研究法辛烷值（RON）表示低转速时汽油的抗爆性。同一汽油的 MON 低于 RON。除此之外，一些国家还采用抗爆指数来表示汽油的抗爆性，抗爆指数等于 MON 和 RON 的平均值。我国车用汽油的商品牌号是以辛烷值来划分的，其中 70 号、85 号汽油（SH 0112—92）用 MON 划分，90 号、93 号、97 号汽油（GB/T 5487—95）用 RON 和抗爆指数划分。

在测定车用汽油的辛烷值时，人为选择了两种烃做标准物：一种是异辛烷（2,2,4-三甲基戊烷），它的抗爆性好，规定其辛烷值为 100；另一种是正庚烷，它的抗爆性差，规定其辛烷值为 0。在相同的发动机工作条件下，如果某汽油的抗爆性与含 80％异辛烷和 20％正庚烷的混合物的抗爆性相同，此汽油的辛烷值即为 80。汽油的辛烷值需在专门的仪器中测定。

汽油的抗爆性与其化学组成和馏分组成有关。在各类烃中，正构烷烃的辛烷值最低，环烷、烯烃次之，高度分支的异构烷烃和芳香烃的辛烷值最高。各族烃类的辛烷值随分子量增大、沸点升高而减小。

提高汽油辛烷值的途径有以下几种：

① 改变汽油的化学组成，增加异构烷烃和芳香烃的含量，这是提高汽油辛烷值的根本方法。这可以采用催化裂化、催化重整、异构化等加工过程来实现。

② 加入少量提高辛烷值的添加剂，即抗爆剂。最常用的抗爆剂是四乙基铅，即含铅汽油，由于此抗爆剂有剧毒，所以此方法目前已禁止采用。

③ 调入其他的高辛烷值组分，如含氧有机化合物醚类及醇类等。这类化合物常用的有甲醇、乙醇、叔丁醇、甲基叔丁基醚等，其中甲基叔丁基醚（MTBE）在近些年来更加引起人们的重视。MTBE 不仅单独使用时具有很高的辛烷值（RON 为 117，MON 为 101），在掺入其他汽油中可使其辛烷值大大提高，而且能在不改变汽油基本性能的前提下，改善汽油的某些性质，但欧美国家已开始禁止使用。

2. 蒸发性

车用汽油是点燃式发动机的燃料，它在进入发动机汽缸之前必须在化油器中汽化并同空气形成可燃性混合气。汽油在化油器中蒸发得是否完全，同空气混合得是否均匀，是跟它的蒸发性有关的。

馏程和蒸气压是评价汽油蒸发性能的指标。汽油的馏程用恩氏蒸馏装置（图 9-1）进行测定。要求测出汽油的初馏点，10％、50％、90％馏出温度和干点。各点温度与汽油使用性能关系十分密切。

汽油的初馏点和 10％馏出温度反映汽油的启动性能，此温度过高，发动机不易启动。50％馏出温度反映发动机的加速性和平稳性，此温度过高，发动机不易加速，当行驶中需要加大油门时，汽油就会来不及完全燃烧，致使发动机不能发出应有的功率。90％馏出温度和干点反映汽油在气缸中蒸发的完全程度，这个温度过高，说明汽油中重组分过多，使汽油气化燃烧不完全。这不仅增大了汽油耗量，使发动机功率下降，而且会造成燃烧室中结焦和积炭，影响发动机正常工作，另外还会稀释、冲掉气缸壁上的润滑油，增加机件的磨损。

汽油的蒸气压也称饱和蒸气压，是指汽油在某一温度下形成饱和蒸汽所具有的最高压力，需要在规定仪器中进行测定，汽油标准中规定了其最高值。汽油的蒸气压过大，说明汽

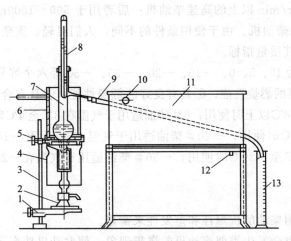

图 9-1 石油产品的馏程测定器
1—托架；2—喷灯；3—支架；4—下罩；5—石棉垫；6—上罩；7—蒸馏烧瓶；
8—温度计；9—冷凝管；10—排水支管；11—水槽；12—进水支管；13—量管

油中轻组分太多，在输油管路中就会蒸发形成气阻，中断正常供油，致使发动机停止运行。

3. 安定性

汽油的安定性一般是指化学安定性，它表明汽油在储存中抵抗氧化的能力。安定性好的汽油储存几年都不会变质，安定性差的汽油储存很短的时间就会变质。

汽油的安定性与其化学组成有关，如果汽油中含有大量的不饱和烃，特别是二烯烃，在储存和使用过程中，这些不饱和烃极易被氧化，汽油颜色变深，生成黏稠胶状沉淀物即胶质。这些胶状物沉积在发动机的油箱、滤网、汽化器等部位，会堵塞油路，影响供油；沉积在火花塞上的胶质高温下形成积炭而引起短路；沉积在汽缸盖、汽缸壁上的胶质形成积炭使传热恶化，引起表面着火或爆震现象。总之，使用安定性差的汽油，会严重破坏发动机正常工作。

改善汽油安定性的方法通常是在适当精制的基础上添加一些抗氧化添加剂。在车用汽油的规格指标中用实际胶质（在规定条件下测得的发动机燃料的蒸发残留物）和诱导期（在规定的加速氧化条件下，油品处于稳定状态所经历的时间周期）来评价汽油的安定性。一般地，实际胶质含量越少、诱导期越长，则汽油安定性越好。

4. 腐蚀性

汽油的腐蚀性说明汽油对金属的腐蚀能力。汽油的主要组分是烃类，任何烃对金属都无腐蚀作用。若汽油中含有一些非烃杂质，如硫及含硫化合物、水溶性酸碱、有机酸等，都对金属有腐蚀作用。

评定汽油腐蚀性的指标有酸度、硫含量、铜片腐蚀、水溶性酸碱等。酸度指中和100mL油品中酸性物质所需的氢氧化钾（KOH）毫克数，单位为 mg KOH/100mL。铜片腐蚀是用铜片直接测定油品中是否存在活性硫的定性方法。水溶性酸碱是在油品用酸碱精制后，因水洗过程操作不良，残留在汽油中的可溶于水的酸性或碱性物质。成品汽油中应不含水溶性酸碱。

二、柴油的质量指标

柴油是压燃式发动机（简称柴油机）的燃料，按照柴油机的类别，柴油分为轻柴油和重柴油。前者用于1000r/min以上的高速柴油机；后者用于500～1000r/min的中速柴油机和小于500r/min的低速柴油机。由于使用条件的不同，人们对轻、重柴油制定了不同的标准，现以轻柴油为例说明其质量指标。

轻柴油按凝点分为10、5、0、−10、−20、−35、−50等六个牌号，对轻柴油的主要质量要求是：①具有良好的燃烧性能；②具有良好的低温性能；③具有合适的黏度。一般来讲，5#柴油适合于气温在8℃以上时使用；0#柴油适用于气温在8℃至4℃时使用；−10#柴油适用于气温在4℃至−5℃时使用；−20#柴油适用于气温在−5℃至−14℃时使用；−35#柴油适用于气温在−14℃至−29℃时使用；−50#柴油适用于气温在−29℃至−44℃或者低于该温度时使用。

1. 燃烧性能

柴油的燃烧性能用柴油的抗爆性和蒸发性来衡量。

柴油机在工作中也会发生类似汽油机的爆震现象，使发动机功率下降，机件损害，但产生爆震的原因与汽油机完全不同。汽油机的爆震是由于燃料太容易氧化，自燃点太低；而柴油机的爆震是由于燃料不易氧化，自燃点太高。因此，汽油机要求自燃点高的燃料，而柴油机要求自燃点低的燃料。

柴油的抗爆性用十六烷值表示。十六烷值高的柴油，表明其抗爆性好。同汽油类似，在测定柴油的十六烷值时，也人为地选择了两种标准物：一种是正十六烷，它的抗爆性好，将其十六烷值恒定为100；另一种是α-甲基萘，它的抗爆性差，将其十六烷值恒定为0。在相同的发动机工作条件下，如果某种柴油的抗爆性与含45%的正十六烷和55%的α-甲基萘的混合物相同，此柴油的十六烷值即为45。

柴油的抗爆性与所含烃类的自燃点有关，自燃点低不易发生爆震。在各类烃中，正构烷烃的自燃点最低，十六烷值最高，烯烃、异构烷烃和环烷烃居中，芳香烃的自燃点最高，十六烷值最低。所以含烷烃多、芳烃少的柴油的抗爆性能好。各族烃类的十六烷值随分子中碳原子数增加而增加，这也是柴油通常要比汽油分子大（重）的原因之一。

柴油的十六烷值并不是越高越好，如果柴油的十六烷值很高（如60以上），由于自燃点太低，滞燃期太短，容易发生燃烧不完全，产生黑烟，使得耗油量增加，柴油机功率下降。不同转速的柴油机对柴油十六烷值要求不同，两者相应的关系见表9-2。

表9-2 不同转速柴油机对柴油十六烷值的要求

转速/(r/min)	<1000	1000～1500	>1500
要求的十六烷值	35～40	40～45	45～60

影响柴油燃烧性能的另一因素是柴油的蒸发性能。柴油的蒸发性能影响其燃烧性能和发动机的启动性能，其重要性不亚于十六烷值。馏分轻的柴油启动性好，易于蒸发和迅速燃烧，但馏分过轻，自燃点高，滞燃期长，会发生爆震现象。馏分过重的柴油，由于蒸发慢，会造成不完全燃烧，燃料消耗量增加。

柴油的蒸发性用馏程和残炭来评定。不同转速的柴油机对柴油馏程要求不同，高转速的柴油机，对柴油馏程要求比较严格，国标中严格规定了50%、90%和95%的馏出温度。对低转速的柴油机没有严格规定柴油的馏程，只限制了残炭量。

2. 低温性能

柴油的低温性能对于在露天作业、特别是在低温下工作的柴油机的供油性能有重要影响。当柴油的温度降到一定程度时，其流动性就会变差，可能有冰晶和蜡结晶析出，堵塞过滤器，减少供油，降低发动机功率，严重时会完全中断供油。低温也会导致柴油的输送、储存等发生困难。

国产柴油的低温性能主要以凝固点（简称凝点）来评定，并以此作为柴油的商品牌号，例如0号、−10号轻柴油，分别表示其凝点不高于0℃、−10℃，凝点低表示其低温性能好。国外采用浊点、倾点或冷滤点来表示柴油的低温流动性。通常使用柴油的浊点比使用温度低3~5℃，凝点比环境温度低5~10℃。

柴油的低温性取决于化学组成。馏分越重，其凝点越高。含环烷烃或环烷—芳香烃多的柴油，其浊点和凝点都较低，但其十六烷值也低。含烷烃特别是正构烷烃多的柴油，浊点和凝点都较高，十六烷值也高。因此，从燃烧性能和低温性能上看，有人认为柴油的理想组分是带一个或两个短烷基侧链的长链异构烷烃，它们具有较低的凝点和足够的十六烷值。

我国大部分原油含蜡量较多，其直馏柴油的凝点一般都较高。改善柴油低温流动性能的主要途径有三种：①脱蜡，柴油脱蜡成本高而且收率低，在特殊情况下才采用；②调入二次加工柴油；③向柴油中加入低温流动改进剂，可防止、延缓石蜡形成网状结构，从而使柴油凝点降低。此种方法较经济且简便，因此采用较多。

3. 黏度

柴油的供油量、雾化状态、燃烧情况和高压油泵的润滑等都与柴油黏度有关。柴油黏度过大，油泵抽油效率下降，减少供油量，同时喷出的油射程远，雾化不良，与空气混合不均匀，燃烧不完全，耗油量增加，机件上积炭增加，发动机功率下降。黏度过小，射程太近，射角宽，全部燃料在喷油嘴附近燃烧，易引起局部过热，且不能利用燃烧室的全部空气，同样燃烧不完全，发动机功率下降；另外柴油也作为输送泵和高压油泵的润滑剂，润滑效果变差，造成机件磨损。所要求柴油的黏度在合适的范围内，一般轻柴油要求运动黏度为2.5~8.0 mm^2/s。

除了上述几项质量要求外，对柴油也有安定性、腐蚀性等方面的要求，同汽油类似。表9-3为国产轻柴油的主要质量指标。

表9-3 国产轻柴油的质量指标（选自GB 252—2011）

项 目		质 量 指 标								
		优级品			一级品			合格品		
		10#	0#	−10#	10#	0#	−10#	10#	0#	−10#
碘值/(gI/100g)	≤		6			—			—	
颜色,色号	不深于		3.5			3.5				
催速安定性沉渣/(mg/100mL)	≤		—			2.0			—	
实际胶质/(mg/100mL)	≤		—			—			70	
硫含量/%	≤		0.2			0.5			1.0	
硫醇含量/%	≤		0.01			0.01			—	
水分/%	≤		痕迹			痕迹			痕迹	
酸度/(mg KOH/100mL)	≤		5			5			10	
10%蒸余物残炭/%	≤		0.3			0.3		0.4	0.4	0.3
灰分/%	≤		0.01			0.01			0.02	
铜片腐蚀(50℃,3h)/级	≤		1			1			1	

续表

项　目		质量指标							
		优级品			一级品			合格品		
		10#	0#	−10#	10#	0#	−10#	10#	0#	−10#
水溶性酸碱		无			无			无		
机械杂质		无			无			无		
运动黏度(20℃)/(mm²/s)		3.0~8.0			3.0~8.0			3.0~8.0		
凝点/℃	≤	10	0	−10	10	0	−10	10	0	−10
冷滤点/℃	≤	12	4	−5	12	4	−5	12	4	−5
闪点(闭口杯法)/℃	≥	65			65			65		
十六烷值	≥	45			45			45		
馏程:50%馏出温度/℃	≤	300			300			300		
90%馏出温度/℃	≤	355			355			355		
95%馏出温度/℃	≤	365			365			365		
密度(20℃)/(kg/m³)		实测			实测			实测		

柴油中除了轻、重柴油外，还有农用柴油——主要用于拖拉机和排灌机械，质量要求较低；一些专用柴油——如军用柴油，要求其具有很低的凝点，如−35℃、−50℃以下等。

【操作规范】

现以汽柴油几个指标为例。

一、色谱图

柴油色谱图：本例用安捷伦色谱仪测定，柴油色谱图和分析结果分别见图9-2和图9-3。

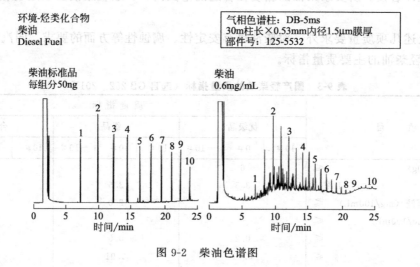

图 9-2　柴油色谱图

二、色度

将待测样品、光学纯水分别加入50mL比色管中直至刻度线，另取一个空白比色管一同放入色度仪，左右旋转两个转钮，分别找到相同的颜色的内置颜色板，此时的刻度值即为待测样品的色度。色度仪见图9-4。

```
环境-烃类化合物                    气相色谱柱：DB-5ms
柴油                              30m柱长×0.53mm内径1.5μm膜厚
Diesel Fuel                       部件号：125-5532

                                  1. n-C_{10}, 正癸烷
                                  2. n-C_{12}, 正十二烷
                                  3. n-C_{14}, 正十四烷
                                  4. n-C_{16}, 正十六烷
载气：    氦气48.5cm/s, 60℃时测定  5. n-C_{18}, 正十八烷
柱箱温度：60℃保持2min              6. n-C_{20}, 正二十烷
         60~300℃，12℃/min         7. n-C_{22}, 正二十二烷
         300℃保持10min             8. n-C_{24}, 正二十四烷
进样方式：大口径直接进样，280℃       9. n-C_{26}, 正二十六烷
         进样1μL己烷溶剂            10. n-C_{28}, 正二十八烷
检测器：FID 250℃                   1. n-C_{10}, Decane
       氮气尾吹气30mL/min           2. n-C_{12}, Dodecane
                                  3. n-C_{14}, Tetradecane
                                  4. n-C_{16}, Hexadecane
                                  5. n-C_{18}, Octadecane
                                  6. n-C_{20}, Eicosane
                                  7. n-C_{22}, Docosane
                                  8. n-C_{24}, Tetracosane
                                  9. n-C_{26}, Hexacosane
                                  10. n-C_{28}, Octacosane
```

图 9-3 分析结果

图 9-4 色度仪

三、硫含量

1. 法拉第定律原理

法拉第定律原理：在电解池中每通过 96500C 的电量，在电极上即会析出或溶入 1mol 的物质。

用公式表示如下：

$$W = \frac{Q}{96500} \times \frac{M}{n}$$

式中　W——析出物质的量，以克计算；

　　　N——在电极上每析出或溶入一个分子或原子所消耗的电子数目；

　　　M——析出物质的分子或原子量；

　　　Q——电解时通过电极的电量。

2. 仪器原理

样品被载气带入裂解管中和氧气充分燃烧，其中的硫定量地转化为 SO_2。SO_2 被电解

液吸收并发生如下反应：

$$SO_2 + H_2O + I_2 \rightleftharpoons SO_3 + 2H^+ + 2I^-$$

反应消耗电解液中的 I_2 或 Ag^+，引起电解池测量电极电位的变化，仪器检测出这一变化并给电解池电解电极一个相应的电解电压。在电极上电解出 I_2 或 Ag^+，直至电解池中 I_2 或 Ag^+ 恢复到原先的浓度。仪器检测出这一电解过程所消耗电量，推算出反应消耗的 I_2 或 Ag^+ 的量，从而得到样品中 S 的浓度。仪器原理如图 9-5 所示。

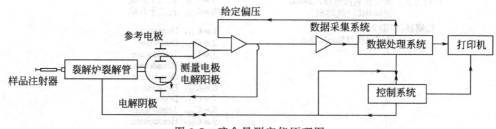

图 9-5　硫含量测定仪原理图

3. 测试方法

用已知浓度的标准样品或对照样品来标定仪器（见图 9-6），调整仪器的工作状态，直到标准样品或对照样品的回收率在 80%～120% 之间时，即认为仪器已达到正常的工作状态。将未知浓度的样品注入裂解炉，根据标准样品或对照样品的转化率即可算出样品的浓度。

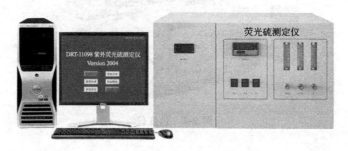

图 9-6　硫含量测定仪

四、凝点

1. 制备冷却剂

制备含有干冰的冷却剂时，在一个装冷却剂用的容器中注入工业乙醇，注满到器内深度的 2/3 处，然后将细块的干冰放进搅拌着的工业乙醇中，再根据温度要求下降的程度，逐渐增加干冰的量。每次加入干冰时，应注意搅拌，使工业乙醇不外贱或溢出。冷却剂不再剧烈冒出气体之后，添加工业乙醇达到必要的高度。

注：使用溶剂汽油制备冷却剂时，最好在通风橱中进行。

2. 试样脱水（如果含水试样实验前需要脱水）

含水的试样试验，但在产品质量验收试验及仲裁试验时，只要试验的水分超出产品标准允许范围内，必须先脱水再进行实验。对于含水多的试样应先经静置，取其澄清部分来进行脱水。对于容易流动的试样，脱水处理是在试样中加入新煅烧的粉状硫酸钠或小粒状氧化钙，并在10～15min内定期摇荡、静置，用干燥的滤纸滤去澄清部分。对于黏度大的试样，脱水处理是将试样预热到不高于50℃，经食盐层过滤。食盐层的制备是在漏斗中放入金属网或少许棉花，然后在漏斗上铺以新煅烧的粗食盐结晶。试样含水多时需要经过2～3个漏斗的食盐层过滤。

3. 测试方法（测定仪器见图9-7）

(1) 在干燥、清洁的试管中注入试样，使液面满到环形标线处。用软木赛将温度计固定在试管架中央，使水银球距管底8～10mm。

(2) 装有试样和温度计的试管，垂直地浸在50℃±1℃水浴中，直至试样的温度达到50℃±1℃为止。

(3) 从水浴中取出装有试样和温度计的试管，擦干外壁，用软木塞将试管牢固地装在套管中，试管外壁与套管外壁要处处距离相等。装好的仪器要垂直地固定在支架的夹子上并放在室温中静置，直至试管中的试样冷却到35℃±5℃为止。然后将这套仪器浸在装好冷却剂的容器中。冷却剂的温度要比试样的预期凝点低7～8℃。试管外

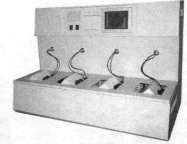

图9-7 凝点测定仪

套管浸入冷却剂的深度应不少于70mm。冷却试验时，冷却剂的温度比需准确到±1℃，当试样的温度冷却到预期的凝点时，将浸入到冷却剂的仪器倾斜到45°，并将这样的倾斜状态保持1min，但仪器的试样部分仍要浸在冷却剂内。此后从冷却剂中小心取出仪器，迅速地用工业乙醇擦拭套管外壁，垂直放置仪器并透过套管观察试管里的液面是否有移动过的迹象。

注：测定低于0℃的凝点时，试验前应在套管的底部注入无水乙醇1～2mL。

(4) 当液面位置有移动时，从套管中取出试管，并将试管重新预热至试样达50℃±1℃，然后用比上次试验温度低4℃或其他更低的温度重新进行测定，直至试验温度能使液面位置停止移动为止。

注：试验温度低于−20℃时，重新测定前应将装有试样和温度计的试管放在室温中，待试样温度升到−20℃，才将试管浸在水浴中加热。

(5) 当液面的位置没有移动时，从套管中取出试管，并将试管重新预热至试样达50℃±1℃，然后用比上次试验温度高4℃或其他更高的温度重新进行测定，直至试验温度能使液面位置有了移动为止。

(6) 找出凝点的温度范围，液面位置从移动到不移动或从不移动到移动的范围，之后就采用比移动的温度低2℃或采用比不移动的温度高2℃重新进行试验。如此重复试验，直至确定试验温度能使试验的液面停留不动，提高2℃又能使液面移动时，就取使液面移动的温度，作为试样的凝点。

(7) 试样的凝点必须进行重复测定。第二次测定时的开始试验温度要比第一次所测出的凝点高2℃。

五、冷滤点

冷滤点为试样在规定的条件下冷却，当试样不能流过过滤器或20mL试样流过过滤器的时间大于60s或不能完全流回试杯时的最高温度，以℃（按1℃的整数）表示。

1. 测定原理

手动冷滤点测定仪见图9-8，全自动冷滤点测定仪见图9-9。在规定的条件下冷却试样，

并在1961Pa（200mmH₂O）压力下抽吸，使试样通过一个363目过滤器。当试样冷却到一定温度，以1℃间隔降温，测定堵塞过滤器时的温度。

图9-8　手动冷滤点测定仪

图9-9　全自动冷滤点测定仪

2．准备工作

(1) 试样中如有杂质，必须将试样加热到15℃以上，用不起毛的滤纸过滤。

(2) 试样中如含有水，必须经过脱水后才能测定。

(3) 冷浴温度按如下设定：试样冷滤点在－3℃已上时，冷浴温度－18～－16℃。冷滤点在－19～－4℃时，冷浴温度为－35～－33℃，冷滤点为－35～－20℃，两个冷浴温度分别为－35～－33℃和－52～－50℃。

3．测试方法

(1) 将装有温度计、吸量管（已预先与过滤器接好）的橡胶塞塞入盛有45mL试样的试杯中，使温度计垂直，温度计底部应离试杯底部1.3～1.7mm，过滤器也应垂直恰好放于试杯底部，然后放于热水浴中使油温达到25～35℃。

(2) 在测定前，打开放空开关使吸量管与大气相通，不要使吸量管与抽空系统连通，启开真空泵开关进行抽空，U形管差计应稳定指示压差为1961Pa（200mmH₂O）。

(3) 当试样冷却到比预期冷滤点高5～6℃，开始第一次测定。关断放空开关，指示灯关闭，吸量管与吸滤泵连接，计时1min，当试样上升到吸量管20mL刻线处，放空开关关闭，打开放空开关使吸量管与大气相通，试样自燃流回杯内。

(4) 每降低一度，重复(3)的操作，直到1min通过过滤器的试样不足20mL为止。记下此时的温度，即为试样冷滤点。如果试样降到－20℃，进行(3)条的操作，还未达到其冷滤点，则在试样自然流回试杯之后，将试杯迅速转移到－52～－50℃的冷浴中进行操作，直到达到其冷滤点。如果试样在－35℃还未达到其冷滤点，则迅速转移到－68～－66℃的冷浴中进行操作，直到达到其冷滤点。

(5) 如果预计第一次测定温度低于试样冷滤点，将试杯从套管取出，加热融化。如果试样充裕，倒掉第一次的试样，换新试样，再按（4）～（1）条重新进行操作。如果试样不充裕，可将试样加热溶化至 35℃后，再按（1）～（4）条重新进行操作。加热融化重复操作不超过三次。

（6）用溶剂油进行洗涤。

六、闪点

1. 实验原理

按照所用闪点测定器的型式闪点可分为闭口闪点和开口闪点两种，每种油品是测闭口闪点还是测开口闪点要按产品质量指标规定进行。一般地，蒸发性较大的石油产品多测闭口闪点，因为测定开口闪点时，油品受热后所形成的蒸气不断向周围空气扩散，使测得的闪点偏高。对多数润滑油及重质油，由于蒸发性小，则多测开口闪点。闭口闪点的测定是把试样装入油杯中到环状标记处，把试样在连续搅拌下用很慢的、恒定的速度加热，在规定的温度间隔、同时中断搅拌的情况下，将一小火焰引入杯中，试验火焰引起试样上的蒸气闪火时的最低温度作为闭口闪点。

开口闪点测定是把试样装入试验杯中到规定的刻线，首先升高试样的温度，然后缓慢升温，当接近闪点时，恒速升温，在规定的温度间隔，以一个小的试验火焰横着通过试杯，将试验火焰使液体表面上的蒸气发生火焰的最低温度作为开口闪点的测定结果。

2. 测试方法

取一定量试样，倒入夫利克兰杯中，使液面与夫利克兰杯内刻度线平齐，将温度计和温度传感器插入液面。打开电源，调整温度传感器位置，使刻度盘上显示温度与温度计位置一致，按键设定一个预测闪点温度，再按确定键，按仪器开始自动加热键，当温度达到设定温度后，仪器开始点火，每升高 2°重复一次点火试验。当在液面上方观察到一闪即熄的火焰时，仪器刻度盘上显示的即为该试样的闪点。按"捕捉"键捕捉闪点，按键温度被保存，按键结束测试。再按键重复测试。测试结束后，提高温度计和温度传感器，取下夫利克兰杯，断电断气，进行冷却。开闭口闪点全自动测定仪见图 9-10。

图 9-10　开闭口闪点全自动测定仪

七、馏程

馏程测定方法如下。

试样如含水，试验前应先脱水。实验室中一般采用在试油中加入无水氯化钙，摇动 10～15min，静置后把澄清部分经过干燥滤纸过滤，即可供试验之用。

蒸馏前，用缠在金属丝上的软布或棉花擦拭冷凝管的壁，以除去上次蒸馏遗留的液体或空气中冷凝下来的水分。擦拭方法是将金属丝上缠有布片的一端由冷凝管上端插入，当金属丝从冷凝管下端穿出时，将金属丝连同布片一起由下端拉出来。

在装试样前，蒸馏烧瓶必须洗净、干燥。如瓶底有少许积炭，对蒸馏没有影响，并能防止突沸，所以每次蒸馏后不必都把积炭除净。如积炭很厚，可用铬酸洗液或碱洗液洗涤除去，用过的蒸馏瓶先用轻汽油洗涤，再用空气吹干或烘干。

测定试样温度如不在（20±3）℃范围内，应将试样放在水浴中，使其温度为（20±3）℃。用清洁干燥的 100mL 量筒取（20±3）℃的试油 100mL，体积按凹液面的下边缘计算，试样在注入蒸馏烧瓶时,拿蒸馏烧瓶时注意应使支管向上,以免试油从蒸馏烧瓶支管中流失。

向蒸馏烧瓶中放入数粒无釉碎瓷片或封口的玻璃毛细管,以免蒸馏时产生突沸(如烧瓶底部有少量积聚的焦炭,则不必加瓷片)。

在蒸馏烧瓶口上紧密的塞上插有干净温度计的软木塞,使温度计与蒸馏烧瓶的轴心线相重合,并使水银球的上边缘与支管焊接处的下边缘在同一水平面。如图9-11所示。

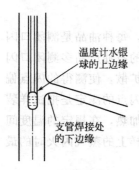

图9-11 温度计插入1冷位置示意图

装有柴油的蒸馏瓶安装在32mm孔径的石棉垫上。

蒸馏瓶支管用软木塞与冷凝器上端相连接。支管插入冷凝管内长度为25～40mm,注意不要与冷凝管的内壁相接触。安装时注意切勿折断支管。

在软木塞连接处都用火棉胶封住,火棉胶涂得越薄越好,如仪器安装本身是紧密的,可不必封口,以免引起拆卸困难。

将上罩9放在石棉垫上罩住蒸馏瓶。

量取试油的量筒不需经过干燥,就放在冷凝管下面,使冷凝管插入量筒不少于25mm,也不低于100mL的标线。冷凝管下端不要接触量筒内壁,以便观察初馏的第一滴液体下落。量筒口都要用棉花或厚纸塞好,以减少轻组分的挥发和防止冷凝管上凝结的水珠落入量筒中。

检查仪器安装合乎标准后,先记录大气压力,接上电源,用自耦变压器调节电流,开始加热,同时开动秒表记录时间。调节电流大小使加热能满足下述要求:蒸馏汽油时,从开始加热到落下第一滴馏出液的时间为5～10min,蒸馏航空汽油为7～8min,蒸馏喷气燃料、煤油、轻柴油为10～15min,蒸馏重柴油或其他重质油料为10～20min。

假如第一次未能掌握好这一时间,不应半途而废,应继续进行蒸馏,并记录数据,以这次为练习,为下次试验打好基础。如中途停止,也未必能使下次试验完全做好。

第一滴馏出液从冷凝管滴入量筒时,记录此时的温度作为初馏点。得到初馏点后,移动量筒,使其内壁与冷凝管末端接触,让冷凝液沿量筒壁流下,以便读取量筒内体积。

得到初馏点后,馏出速度应控制在每分钟馏出4～5mL,如开始时馏出速度过快,可将电流适当调小,随着沸点升高,根据馏出速度大小,再逐渐加大电流。大约每隔20～30mL便需将电流稍稍调大一些。

记录初馏点及开始加热到初馏点的时间,随后每馏出10%(即10mL)记录一次温度和时间。

蒸馏汽油时,当量筒中馏出液达到90mL时,立即最后一次加大电流,要求在3～5min内达到干点。如果这段时间超过规定,实验无效。记录到达干点的时间及干点。

干点定义为温度计的水银柱在继续加热的情况下停止升高并开始下降时的最高温度。干点与油品最后馏分的沸点及瓶底的加热强度有关,因此达到干点时间必须符合规定。

在达到干点前瓶内尚有微量液体烃类和胶状物质,因局部过热而分解。生成的气体与烃类蒸汽在瓶内形成白雾,并在瓶底下沉积一些炭渣。

到达干点后,立即停止加热,让冷凝管中液体流出5min后,记录量筒中的总体积作为总馏出量。

蒸馏时,所有读数必须准确到0.5mL、1℃和10s。

试验结束时，取出上罩，让蒸馏瓶冷却 5min 后，从冷凝管上卸下蒸馏瓶，取下瓶塞和温度计。将蒸馏瓶中热的残留物仔细倒入 5mL 或 10mL 的量筒内，冷至（20±3）℃时，记下残留物体积，准确至 0.1mL。在蒸馏瓶支管中的液体亦应倒入这个量筒中。

试油 100mL 减去馏出液和残留物的总体积之差就是蒸馏损失。其中蒸馏瓶与冷凝管内壁沾去的部分损失是固定的，其他一部分损失是汽油中含有的石油气体与轻组分在蒸馏时未冷凝造成的，另一部分是干点时油品分解引起的。

馏程仪更新换代速度很快，逐步淘汰了手动、半自动馏程仪，向全自动馏程仪发展。最新一代的馏程仪具有操作简单、分析快速、数据准确且重复性好等优点，是油品馏程分析的发展方向。半自动馏程测定仪见图 9-12，全自动馏程测定仪见图 9-13。

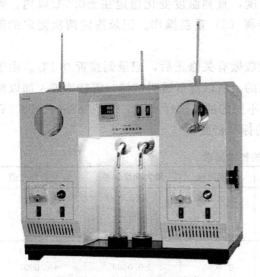

图 9-12　半自动馏程测定仪

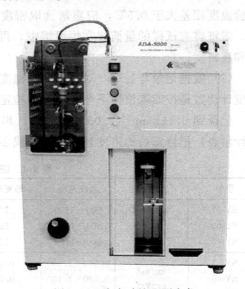

图 9-13　全自动馏程测定仪

八、密度

1. 实验原理

将处于规定温度的试样，倒入温度大致相同的量筒中，放入合适的密度计，静止，当温度达到平衡后，读取密度计读数和试样温度。用《石油计量表》把观察到的密度计读数（视密度）换算成标准密度。必要时，可以将盛有试样的量筒放在恒温浴中，以避免测定温度变化过大。

2. 测试方法

（1）试样的准备　试样必须均化，对黏稠或含蜡的试样，要先加热到能够充分流动的试验温度，保证既无蜡析出，又不致引起轻组分损失。将调好温度的试样小心地沿管壁倾入到温度稳定、清洁的量筒中，注入量为量筒容积的 70% 左右。试样表面有气泡聚集时，要用清洁的滤纸除去气泡。将盛有试样的量筒放在没有空气流动并保持平稳的实验台上。

（2）测量试样温度　用合适的温度计垂直旋转搅拌试样，使量筒中试样的温度和密度均匀，记录温度，准确到 0.1℃。

（3）测量密度范围　将干燥、清洁的密度计小心地放入搅拌均匀的试样中。密度计底部与量筒底部的间距至少保持 25mm，否则应向量筒注入试样或用移液管吸出适量试样。

（4）调试密度计　选择合适的密度计慢慢地放入试样中，达到平衡时，轻轻转动一下，放开，使其离开量筒壁，自由漂浮至静止状态，注意不要弄湿密度计干管。把密度计按到平衡点以下1~2mm放开，待其回到平衡位置，观察弯月面形状，如果弯月面形状改变，应清洗密度计干管。重复此项操作，直到弯月面形状保持不变。

（5）读取试样密度　测定不透明的黏稠试样时，要等待密度计慢慢沉入到液体中，使眼睛稍高于液面的位置观察，并按图所示方法读数。测定透明低黏度试样时，要将密度计在压入液体中约两个刻度，再放开，待其稳定后，先使眼睛低于液面的位置，慢慢地升到表面，先看到一个不正的椭圆，然后变成一条与密度计相切的直线，再读数，记录读数，之后立即小心地取出密度计。

（6）再次测量试样温度　用温度计垂直搅拌试样，记录温度，准确到0.1℃。若与开始试验温度相差大于0.5℃，应重新读取密度和温度，直到温度变化稳定在±0.5℃以内。否则，需将盛有试样的量筒放在恒温浴中，再按步骤（2）重新操作。记录连续两次测定的温度和视密度。

（7）数据记录与处理　对观察到的温度计读数做有关修正后，记录到接近0.1℃。由于密度计读数是按读取液体下弯月面作为检定标准的，所以对不透明试样，需按表9-4加以修正，记录到0.1kg/m³（0.0001g/cm³）。再根据不同的油品试样，用GB/T 1885—1998《石油计量表》把修正后的密度计读数换算成20℃的标准密度。

表9-4　密度计的技术要求

型号	单位	密度范围	每支单位	刻度间隔	最大刻度误差	弯月面修正值
SY-02	kg/m³ (20℃)	600~1100	20	0.2	±0.2	+0.3
SY-05		600~1100	50	0.5	±0.3	+0.7
SY-10		600~1100	50	1.0	±0.6	+1.4
SY-02	kg/m³ (20℃)	0.600~1.100	0.02	0.0002	±0.0002	+0.0003
SY-05		0.600~1.100	0.05	0.0005	±0.0003	+0.0007
SY-10		0.600~1.100	0.05	0.0010	±0.0006	+0.0014

3. 注意事项

（1）在整个试验期间，环境温度变化大于2℃时，要使用恒温浴，以避免测量温度变化过大。

（2）测定透明低黏度试样时，不要将密度计再压入液体中过多，以防止干管上多余的液体影响读数。

（3）密度计是易损的玻璃制品，使用时要轻拿轻放，要用脱脂棉或者其他质软的物质擦拭；取出和放入时，用手拿密度计的上部；清洗时应拿其下部，以防止折断。

（4）测定温度前，必须搅拌试样，保证试样混合均匀，记录要准确到0.1℃。

（5）放开密度计时应轻轻转动一下，要有充分时间静止，让气泡升到表面，并用滤纸除去。

（6）塑料量筒易产生静电，妨碍密度计自由漂浮，使用时要用湿抹布擦拭量筒外壁，消除静电。

（7）根据试样和选用密度计的不同，要规范读数操作。

4. 数据记录

在SYD-1884石油产品密度试验器中用SY-05型石油密度计（测量范围取800~850kg/m³）测量试样的密度，将读数记录在表9-5中。

表 9-5　石油产品密度测量数据记录表格

试验次数	1	2	3
密度/(kg/m³)	837.0	836.8	836.9
平均密度/(kg/m³)		836.9	
试验温度/℃		20.3	

密度的算术平均值=(837.0kg/m³+836.8kg/m³+836.9kg/m³)/3=836.9kg/m³

重复性验证：837.0−836.8=0.2kg/m³

测量温度为20.3℃。

查密度测定重复性要求（见表 9-6）知试验要求两次试验结果之差不得超过 0.5kg/m³，所以符合重复性要求。

表 9-6　密度测定重复性要求

温度范围/℃	透明低黏度试样密度/(kg/m³)	不透明式样密度/(kg/m³)
−2~24.5	0.5	0.6

5. 数据修正

将测定的油品视密度根据 GB/T 1885—1998《石油计量表》修正到20℃温度下的标准密度。

6. 试验仪器

现阶段石化企业使用密度计仍然以人工手动操作为主，随着自动的密度计的开发和研制，企业逐步向自动化转变。自动化的密度计具有精度高、稳定好等特点。自动化密度计见图9-14。

九、汽油中的硫醇硫（博士实验）

摇动加有亚铅酸钠溶液的试样，观察混合溶液外观的变化，判断混合溶液中是否存在硫醇、硫化氢、过氧化物或元素硫。再通过添加硫黄粉，摇动并观察溶液的最后外观变化，根据表9-7进一步确认硫醇的存在。

图 9-14　自动化密度计
A—水搅拌电机；B—恒温浴缸；
C—液晶显示；D—键盘

1. 初步试验

将10mL试样和5mL亚铅酸钠溶液，倒入带塞量筒中，用力摇动15s，观察混合溶液外观的变化。并按下表所示继续进行试验。

表 9-7　"博士试验"的变化表

观察外观变化	判断	按下条继续试验
立即生成黑色沉淀	有硫化氢存在	6.2
缓慢生成褐色沉淀	可能有过氧化物存在	6.3
在摇动期间溶液变成乳白色，然后颜色变深	有硫醇和元素硫存在	—
无变化或黄色	—	6.4

（1）有硫化氢存在　取一份新鲜试样，并加入占试样体积5%的氯化镉溶液，一起摇动以除去硫化氢。分离处理后的试样，并进一步按照6.1条进行试验。如果没有黑色沉淀的生

成,就继续按照 6.4 条规定进行试验。如果生成了黑色沉淀,就再用 1 份氯化镉溶液重新处理,直到无黑色沉淀为止,然后按 6.4 条规定进行试验。

(2) 可能有过氧化物存在 为了证明是由于足够浓度的过氧化物存在而干扰试验,则另取一份试样,并加入占试样体积 20%的碘化钾溶液、几滴乙酸溶液和几滴淀粉溶液,用力摇动。如果在水层中出现蓝色,则证明有过氧化物存在。

2. 最后试验

向博士试剂或氯化铬溶液中,加入少量的硫黄粉(加入量不可太多,只要能覆盖试样和亚铅酸钠溶液之间的界面即可),摇动此混合物 15s,静置 1min。

如果试样同亚铅酸钠溶液摇动期间不变色或产生乳白色。在加入硫黄粉后,在硫黄粉表面上生成褐色(桔红、棕色)或黑色沉淀,表示试样"有硫醇存在",否则,表示试样"无硫醇存在"。

凡试样"有硫醇存在",则报告:不通过;"无硫醇存在",则报告:通过。

如果有过氧化物存在,则此试验无效。

事故案例

一、事故经过

2007 年 5 月 20 日上午,某企业化验室技术员安排化验员张某及王某配制清洗测硫仪电解池熔板洗液。

10 点 50 分左右,技术员将所用器皿及化学药品交给张某,张某按照洗液的配制方法,用天平称取 5g 重铬酸钾,用量筒取 10mL 水,放入 300mL 烧杯内,搅拌后放在电炉上加热溶解,用量筒量取 100mL 浓硫酸,直接倒入正在加热的烧杯中,浓硫酸遇热后飞溅到张某身上,造成其面部及胳膊烧伤。

二、事故原因

1. 直接原因

张某为图省事,没有将烧杯从电炉上取下,待冷却后再将硫酸倒入烧杯内,而致使皮肤烧伤,这是造成此次事故的直接原因。

2. 主要原因

① 张某工作时间短,经验少,化学基本知识缺乏,对常用化学药品的性质了解不多,不知其化学危害的严重性。

② 张某执行规程不严格,未按药品的配置方法进行配置。

③ 技术员没有交待清药品配制应注意的安全事项,安全管理有漏洞。

3. 间接原因

① 职工王某互保联保意识差,没有提醒张某注意安全并及时制止其违章行为。

② 装运工段对职工安全管理、安全教育、技术管理培训力度不够,职工安全意识薄弱,自保、互保意识差,麻痹大意,图省事,轻安全。

第二节 计量岗位

计量是实现单位统一和量值准确可靠的活动,在石油化工企业中被称之为"大脑"。准确性是其最重要、最核心、最灵魂的特点。

计量器具是指能用以直接或间接测出被测对象量值的装置、仪器仪表、量具和用于统一量值的标准物质。计量器具广泛应用于生产、科研领域和人民生活等各方面,在整个计量立法中处于相当重要的地位。因为全国量值的统一,首先反映在计量器具的准确一致上,计量器具不仅是监督管理的主要对象，而且是计量部门提供计量保证的技术基础。

计量的意义如下。

① 保证产品质量。计量是客观评价产品优劣的最终技术手段；是控制生产过程工艺参数，确保加工质量的主要技术措施。

② 有利于改造，促进技术进步。

③ 增产节约、降低成本。计量是节能降耗的重要手段，企业经济核算的重要依据。

④ 保障安全生产、环境保护与医疗检测。

⑤ 避免买卖双方的纠纷（交易证明用）。

【岗位任务】

1. 熟悉掌握本岗位工艺流程及设备性能。
2. 负责集输计量按时检尺标准量油，合理调节外输量，保持集输平衡。
3. 负责油罐界面、液位的监控调节，使其保持平稳。
4. 负责各方向来油温度、压力、液量的计量。
5. 负责 24 小时值班，密切注视管线监控情况。
6. 负责监控设备的管理和正规使用，确保系统稳定。
7. 加强工艺管网及设备的维护保养，提高生产运行质量。
8. 认真收集、填写各种生产参数及资料，确保资料完整准确。
9. 负责流量计的操作和维护。
10. 维持生产现场清洁、整齐，保证文明生产。

【知识拓展】

一、计量器具的分类

1. 按结构特点分类

按结构特点分类，计量器具可以分为以下三类：

（1）量具　即用固定形式复现量值的计量器具，如量块、计数器、标准电池、标准电阻、直尺、卷尺等（见图 9-15）。

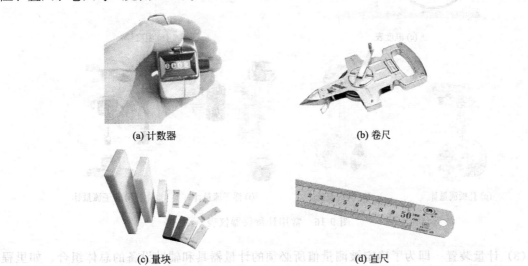

(a) 计数器　　(b) 卷尺

(c) 量块　　(d) 直尺

图 9-15　常用量具

(2) 计量仪器仪表　即将被测量的量转换成可直接观测的指标值等效信息的计量器具，如压力表、流量计（电磁流量计、孔板流量计、涡街流量计、浮子流量计、转子流量计等）、温度计、电流表、心脑电图仪等（见图9-16）。

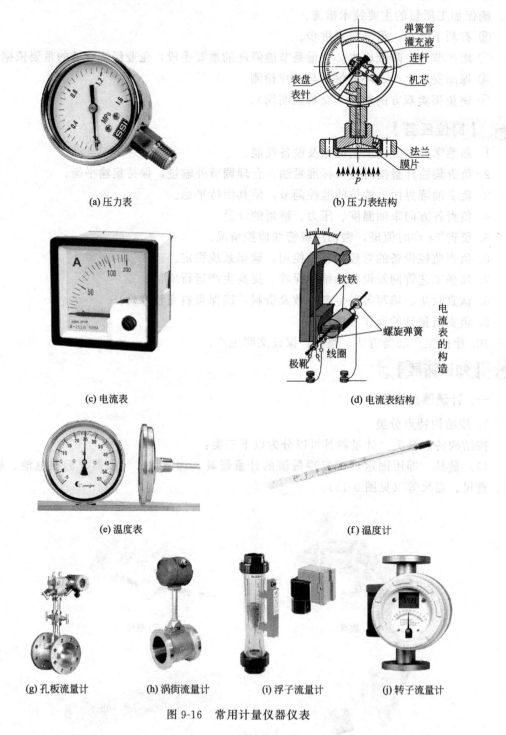

图9-16　常用计量仪器仪表

(3) 计量装置　即为了确定被测量值所必须的计量器具和辅助设备的总体组合，如里程计价表检定装置、高频微波功率计校准装置等。

2. 按计量学用途分类

按计量学用途分类，计量器具也可以分为以下三类：

计量基准器具、计量标准器具、普通计量器具。

(1) 计量基准器具　计量基准就是在特定领域内，具有当代最高计量特性其值不必参考相同量的其他标准，而被指定的或普通承认的测量标准。经国际协议公认，在国际上作为给定量的其他所有标准定值依据的标准称为国际基准；经国家正式确认，在国内作为给定量的其他所有标准定值依据的标准称为国家基准。基准计量器具通常有主基准作证基准、副基准参考基准和工作基准之分。

基准计量器具的主要特征：

① 符合或接近计量单位定义所依据的基本原理；

② 具有良好的复现性并且所定义实现保持或复现的计量单位或其倍数或分数具有当代或本国的最高精度；

③ 性能稳定计量特性长期不变；

④ 能将所定义实现保持或复现的计量单位或其倍数或分数通过一定的方法或手段传递下去。

(2) 计量标准器具　计量标准是指为了定义实现保存或复现量的单位或一个或多个量值用作参考的实物量具。我国习惯认为基准高于标准，这是从计量特性来考虑的。各级计量标准器具必须直接或间接地接受国家基准的量值传递而不能自行定度。

(3) 普通计量器具　普通计量器具是指一般日常工作中所用的计量器具，它可获得某给定量的计量结果。

二、计量器具分类管理

分类管理采取了突出重点、兼顾一般的管理方法，可根据现场实际情况和主要产品的技术要求及常用计量器具低值易耗的特点，将计量器具划分为 A、B、C 三类实施管理。

1. 计量器具分类

(1) A 类计量器具的范围　A 类计量器具包括公司最高计量标准和计量标准器具；用于贸易结算、安全防护、医疗卫生和环境监测方面，并列入强制检定工作计量器具范围的计量器具；生产工艺过程中和质量检测中关键参数用的计量器具；进出厂物料核算用计量器具；精密测试中准确度高或使用频繁而量值可靠性差的计量器具。

(2) B 类计量器具的范围　B 类计量器具包括安全防护、医疗卫生和环境监测方面，但未列入强制检定工作计量器具范围的计量器具；生产工艺过程中非关键参数用的计量器具；产品质量的一般参数检测用计量器具；二、三级能源计量用计量器具；企业内部物料管理用计量器具。

(3) C 类计量器具的范围　C 类计量器具包括低值易耗的、非强制检定的计量器具；公司生活区内部能源分配用计量器具，辅助生产用计量器具；在使用过程中对计量数据无精确要求的计量器具；国家计量行政部门明令允许一次性检定的计量器具。

2. 计量器具分类管理

(1) A 类计量器具管理办法　A 类计量器具中属强制检定的计量器具，必须严格按国家计量行政部门的检定管理办法，执行强检；属于非强制检定的计量器具，按有关的检定管理办法、规章制度和检定周期定期进行检定；

对准确度高、量值易变、使用频繁的计量器具列作抽查重点，加强日常监督管理；

A类计量器具的配置数量，应能确保计量器具按期检定，检定与维修期间生产经营活动正常进行；

A类计量器具原则上由计量管理部门统一控制管理。

(2) B类计量器具管理办法　对列入B类管理范围的计量器具，如符合国家检定规程要求的应按规定进行周期检定；

对无检定规程但需要效准的计量器具（检测设备）应按规定进行效准；

B类计量器具的配备数量，应能保证企业生产经营活动正常进行。

(3) C类计量器具管理办法　一般工具用计量器具，可根据实际使用情况实行一次性检定和有效期管理使用；

对准确度无严格要求，性能不易改变的低值易耗计量器具和工具类计量器具可在使用前安排一次性检定；

对C类计量器具要进行监督管理，如不定期的抽查和以比对的方式对其进行校对。

3. 技术档案原始记录及资料的管理制度

① 计量技术资料、原始记录、统计报表、证书、标志是考核计量水平、加强计量管理的重要依据，必须做到项目齐全，数据可靠，专人保管。

② 计量技术档案和记录的内容是：计量人员清册；计量器具账册（总账、分账）；周检计划表；各类标准器及配套仪的技术说明；历史记录卡；各类计量器具事故和报废记录；计量检定修理原始记录；检定抄表记录；设备保修工艺、质量主要参考数据检测记录等。

③ 上述资料应按年或月装订成册由专人统一保管。原始记录的保管期，原则上不少于一年。

④ 产品合格证、校验合格证、检定合格证是计量器具正常使用的证明证件。在用计量器具必须有醒目的检定合格标志。

三、容器的分类

石油产品的储存、运输和计量的容器主要是油罐、铁路罐车、汽车罐车和油轮油驳。其中油罐的管理最为基础。油罐按建造材料分：金属罐、非金属罐。按建造位置分：地上罐、地下罐、半地下罐、山洞罐。金属罐又按几何形状分为：立式圆柱形、卧式圆柱形和球形罐三种。

四、容器计量中的计量器具

1. 量油尺

量油尺是用于测量容器内油品高度或空间高度的专用尺。

2. 量油尺的结构

量油尺由尺砣、尺架、尺带、挂钩、摇柄、手柄等部件组成，如图9-17所示。

尺砣由黄铜制成，测量低黏度油品时，采用700g的轻型尺砣，测量高黏度油品时，采用1600g的尺砣。

3. 量油尺的技术要求

① 尺带必须是含碳量低于0.8%的，有一定弹性的连续钢制尺带，钢带经热处理后，在鼓轮上收卷和伸开不得留有残存的变形。

② 尺带表面必须清净，不得有斑点、锈迹、扭折等缺陷；边缘应平滑，不得有锋口和倒刺。

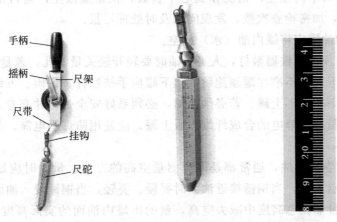

图 9-17 量油尺

③ 尺带的一面蚀刻或印有米、分米、厘米和毫米等刻度及其相应的数字，尺带上所有刻度线必须均匀、清晰、并垂直于钢带的边缘。

④ 表示分米、米的刻线必须横贯表面，表示厘米和毫米的刻线长度应为尺带宽的 2/3 和 1/2。

⑤ 厘米、分米、米的分度值必须有数字。

⑥ 量油尺的全长和最大允许误差必须符合规定。

【操作规范】

一、计量岗油罐安全操作规程

1. 油罐进油前的注意事项

① 检查油罐进出口阀门是否完好，人孔、法兰、工艺管线是否有渗漏。

② 检查液压呼吸阀及机械呼吸阀是否灵活好用。

③ 防火堤内应无油污、杂物及易燃物。

2. 油罐的操作

拱顶油罐的安全高度为泡沫发生器进罐口最低位置以下 1m，极限高度为泡沫发生器进罐口最低位置以下 0.5m。

① 油罐必须在安全高度范围内使用。

② 一次沉降罐进油时，应先开混合油底部进油阀门，待液面较高再打开混合油正常进罐阀门，以减少进油时原油对大罐的冲击力，而后打开一次沉降罐的自动放水阀门和出油阀，并倒通其流程。

③ 一次沉降罐运行中，应调整好油、水界面，保持液面上部有 1~2m 的油厚，出油口含水小于 20%，满足工艺要求，出水口污水含油应小于 500mg/L。

④ 一次沉降罐底部平稳放水，并按规定对其进行大罐取样。

⑤ 根据净化油罐的底部样和外输油含水化验数据，及时平稳地对净化油罐底部放水，以确保外输油质量，放水时，从放水阀看到油花时，应适当控制放水阀，见到原油时应立即关闭。

⑥ 倒罐前应首先确定好所用的罐号和流程，并与有关岗位联系好，倒罐时必须做到先开后关。

⑦ 岗位人员要对本岗位生产情况作到心中有数，根据罐区生产运行情况，及时巡回检查，遇到恶劣天气，加密检查次数，发现问题及时处理汇报。

⑧ 长期停用的油罐应将罐内油（水）放空。

⑨ 不准在油罐顶部用铁器敲打，人工量油时要轻开轻关量油孔，盖量油孔要符合规定。罐顶人员不得超过五人，不准在罐顶跑跳，上下罐应手扶栏杆。雷雨、五级以上大风，在保证安全生产的情况下，可不上罐。若必须上罐，必须系好安全带，并有专人监护。不准穿铁钉鞋上罐，不准穿易产生静电的合成纤维衣服上罐。应使用防爆手电筒，禁止在罐顶上开关不防爆的手电筒。

⑩ 量油利用钢卷尺量油，通常都是采用测量空高的方法。量油时应站在上风口小心从量油孔规定的下尺点下尺，当钢锤接近油面时要慢、要轻，当铜锤浸入油面深度即得出罐内油面高度，然后从量油孔总高度中减去空高，就出罐内油面的实际高度，重复检尺两次，两次的检测值相差不应大于2mm。两次测量值相差2mm时，取两次测得值的算术平均值作为计量油罐内液位高度，两次测量值相差为1mm时，以前次测得值作为计量罐内液位高度。

二、计量岗量油操作规程

1. 量油前的准备

① 上罐量油前要仔细检查量油尺。

② 站在上风处，以量油孔油槽为准，下尺不超过±2cm。

2. 量油操作

从量油孔放下卷尺，当铜锤接近油面时要慢、要轻，当铜锤没入油中后，记下卷尺在量油孔边缘一点的长度，从中减去铜锤浸入油面的深度，即得出罐内油面空高，然后从量油孔总高中减去空高，就得出罐内油面的实际高度。从油罐容积表上根据油面高度查出体积，用体积乘上原料油密度，算出重量。

3. 原油的计算

结算基础是外输好油（m^3），结算单位：纯油为吨，放水为吨。

班收纯油量＝外输油量＋当时总纯油库存－前日总纯油库存

4. 注意事项

（1）安全注意事项　①禁止穿铁钉鞋上罐；②在开启量油孔时，人应占上风口；③在六级以上的大风天气，在闪电雷雨时，应在保证不溢罐、不抽空的情况下，尽量避免上罐量油；④夜间上罐时，禁止在罐顶开关手电。

（2）在计量方面应注意事项　①取尺要垂直，保持上提动作要灵敏。②看量油尺带油高度时，须保持量油尺垂直。③量油完毕后，应将尺子擦净，卷曲时不准扭折。

（3）依据二次罐化验数据，加强二次罐底部平稳放水，确保原油含水小于10％，并按规定向二次罐进油口定量、均匀、连续地投加破乳剂。

思考训练

1. 在馏程测定中试油必须不含水分，否则水分导致测定时产生突沸冲油，并影响温度计指示失真，为什么？

2. 写出硫含量测定时的转化反应式。

3. 实验室消耗品怎样做到严格控制。
4. 闪点测定时的影响因素。
5. 量油尺的构造。
6. 计量器具的分类。
7. 计量器具的特征。
8. 计量的意义。
9. 浅谈你对计量的认识。

参 考 文 献

[1] 陈长生. 石油加工生产技术. 北京：高等教育出版社，2007.
[2] 徐春明，杨朝合. 石油炼制工程. 第4版. 北京：石油工业出版社，2009.
[3] 张远欣，杨兴锴. 燃料油生产工技能鉴定培训教程. 北京：中国石化出版社，2010.
[4] 郑哲奎，温守东. 汽柴油生产技术. 北京：化学工业出版社，2012.
[5] 博赫科技开发有限公司常减压装置、催化裂化装置、延迟焦化装置仿真实训操作说明书，2013.
[6] 中国石油化工集团公司人事部、中国石油天然气集团公司人事服务中心. 常减压蒸馏装置操作工. 北京：中国石化出版社，2008.
[7] 中国石油化工集团公司人事部、中国石油天然气集团公司人事服务中心. 催化裂化装置操作工. 北京：中国石化出版社，2007.
[8] 中国石油化工集团公司人事部、中国石油天然气集团公司人事服务中心. 催化重整装置操作工. 北京：中国石化出版社，2007.
[9] 中国石油化工集团公司人事部、中国石油天然气集团公司人事服务中心. 气体分馏操作工. 北京：中国石化出版社，2008.
[10] 中国石油化工集团公司人事部、中国石油天然气集团公司人事服务中心. 汽（煤、柴）油加氢装置操作工. 北京：中国石化出版社，2007.
[11] 王雷. 炼油工艺学. 北京：中国石化出版社，2011.
[12] 沈本贤. 石油炼制工艺学. 北京：石油工业出版社，2009.